房屋建筑和市政工程招投标管理研究

李朝政　李传莹　史晓飞◎著

U0345888

吉林科学技术出版社

图书在版编目（CIP）数据

房屋建筑和市政工程招投标管理研究 / 李朝政，李
传莹，史晓飞著. -- 长春：吉林科学技术出版社，
2023.3
　　ISBN 978-7-5744-0154-9

　　Ⅰ．①房… Ⅱ．①李… ②李… ③史… Ⅲ．①建筑工
程－研究②市政工程－招标－研究③市政工程－投标－研
究 Ⅳ．①TU

中国国家版本馆 CIP 数据核字 (2023) 第 053871 号

房屋建筑和市政工程招投标管理研究

作　　者　李朝政　李传莹　史晓飞
出 版 人　宛　霞
责任编辑　李　超
幅面尺寸　185 mm×260mm
开　　本　16
字　　数　291 千字
印　　张　12.75
版　　次　2023 年 3 月第 1 版
印　　次　2023 年 3 月第 1 次印刷

出　　版　吉林科学技术出版社
发　　行　吉林科学技术出版社
地　　址　长春市净月区福祉大路 5788 号
邮　　编　130118
发行部电话/传真　0431-81629529　81629530　81629531
　　　　　　　　　　81629532　81629533　81629534

储运部电话　0431-86059116

编辑部电话　0431-81629518

印　　刷　北京四海锦诚印刷技术有限公司

书　　号　ISBN 978-7-5744-0154-9
定　　价　80.00 元

建筑业是国民经济的重要支柱产业，与整个国家的经济发展、人民生活水平的改善有着密切的关系。改革开放以来，建筑业得到了迅速发展，伴随着国民经济体制的改革，建筑业推行了工程招投标管理制度和建设工程施工合同管理制度。两项制度密不可分，与其他制度一起，共同促进了建筑业的规范发展和与国际接轨。

建设工程招投标与合同管理是工程建设中十分重要的工作，也是建筑施工企业（承包商）主要的生产经营活动之一。施工企业能否中标获得施工任务，并通过完善的合同管理及其他方面的管理而取得好的经济效益，关系到企业的生存与发展。因此，招投标与合同管理在企业整个经营管理活动中具有十分重要的地位和作用。

本书结合建设工程招投标市场管理和运行中出现的新政策、新规范、新理念，首先，介绍了建设工程市场与工程承发包的基本内容；其次，系统地阐述了建设工程招投标，建设工程开标、评标与定标，建设工程施工合同履行及管理，工程索赔管理等内容。本书主题明确、结构合理、内容全面、研究深刻、富有创新，对于完善工程招投标管理具有重要的现实意义。

由于工程项目招投标的内容随着工程实践发展而不断丰富，加之编者水平有限，书中疏漏之处在所难免，敬请各位读者、同行提出批评和改进建议，以臻于完善。

目录 CONTENTS

第一章　建设工程市场与工程承发包

第一节　建设工程市场

一、建设工程市场的概念

在建设有中国特色社会主义过程中，坚持党的基本路线不动摇，坚持以经济建设为中心，围绕着这一中心开展各项活动，更显出建筑业在国民经济中具有重要的地位和作用。如今的建筑市场已经由过去计划经济指导下的等、靠、要、不计盈亏，以完成任务为目标，发展到现在的市场经济指导下的竞争机制。1998 年 3 月，《中华人民共和国建筑法》（以下简称《建筑法》）正式施行；2000 年 1 月 1 日，《中华人民共和国招标投标法》（以下简称《招标投标法》）正式实施；《中华人民共和国招标投标法实施条例》已经于2011 年 11 月 30 日的国务院第 183 次常务会议通过，自 2012 年 2 月 1 日起施行。在建筑业的不断发展过程中，国家以法律形式对建筑工程市场招投标行为进行了规范。

（一）建设工程市场的概念

建设工程市场是以建设工程承发包交易活动为主要内容的市场。狭义的建设工程市场，指具备固定的交易场所，在《建筑法》和《招标投标法》规定下，在地方法律法规指导下开展建设工程发包、承包活动的市场。广义的建设工程市场是指建设领域有形的建筑市场和无形的建筑市场交易关系的总和。

（二）建设工程市场的组成

建设工程市场中，也可以根据工程的不同建设阶段分为工程勘察市场、工程设计市场、工程施工市场和工程咨询服务市场。我们常说的建设工程市场主要是指建设工程施工市场。建设单位在建设工程市场中选择具有相应资质条件的勘察、设计、施工和监理单位对自有工程提供建设服务，也可以选择具有勘察、设计、施工和监理资质的总承包单位，对拟建工程采取交钥匙发包方法。

（三） 建设工程市场的特点

1. 市场竞争激烈

我国的建设工程市场由传统的计划经济转变而来，建设工程的取得由过去政府分配到现在实行招标投标，竞争日益激烈。

2. 政府指导性

建设工程市场是在《建筑法》和《招标投标法》规范下，在地方政府法律法规指导下，实行招标投标活动的专业市场。

3. 专业性

建设工程的特殊性和建设工程各专业的特点决定了建设工程市场的专业性。根据建设工程的不同阶段，在建设工程市场中的建设工程交易活动，可以分为工程勘察、工程设计、工程施工和工程监理等不同的阶段。每个阶段都需要专业的技术人员参与。

二、建设工程市场的主体与客体

建筑市场是建设工程市场的简称，是进行建筑商品和相关要素交换的市场。建筑市场是固定资产投资转化为建筑产品的交易场所。建筑市场由有形建筑市场和无形建筑两部分构成，有形市场如建设工程交易中心——收集与发布工程建设信息，办理工程报建手续、承发包、工程合同及委托质量安全监督和建设监理等手续，提供政策法规及技术经济等咨询服务；无形市场是在建设工程交易之外的各种交易活动及处理各种关系的场所。

（一） 建筑工程市场的主体

1. 业主

业主是指既有进行某种工程的需求，又具有工程建设资金和各种准建手续，在建筑市场中发包建设任务，并最终得到建筑产品、达到其投资目的的法人、其他组织和个人。可以是学校、医院、工厂、房地产开发公司，或是政府及政府委托的资产管理部门，也可以是个人。在我国工程建设中常将业主称为建设单位或甲方、发包人。市场主体是一个庞大的体系，包括各类自然人和法人。在市场生活中，不论哪类自然人和法人，总是要购买商品或接受服务，同时销售商品或提供服务。其中，企业是最重要的一类市场主体。因为企业既是各种生产资料和消费品的销售者，资本、技术等生产要素的提供者，又是各种生产要素的购买者。

2. 承包商

承包商是指有一定生产能力、技术装备、流动资金，具有承包工程建设任务的营业资格，在建筑市场中能够按照业主的要求，提供不同形态的建筑产品，并获得工程价款的建筑业企业。按照它们进行生产的主要形式的不同，分为勘察、设计单位，建筑安装企业，混凝土预制构件、非标准件制作等生产厂家，商品混凝土供应站，建筑机械租赁单位，以及专门提供劳务的企业等；按照它们的承包方式不同，分为施工总承包企业、专业承包企业、劳务分包企业。在我国工程建设中承包商又称为乙方。

作为承包单位，不论是勘察、设计、施工还是监理单位，需要具备以下条件：

①具有相应的资质和注册资本，依法取得营业执照，具备有关领域的执业资格；

②具备其从业领域及工程项目所需的专业技术人员和管理人员；

③具备承接相应建设项目的专业设备和技术能力。

以上条件，不论是勘察单位、设计单位、施工单位还是监理单位，都应该具备，并在相应的执业资格范围内承接工程建设任务。

3. 中介机构

中介机构是指具有一定注册资金和相应的专业服务能力，持有从事相关业务执照，能对工程建设提供估算测量、管理咨询、建设监理等智力型服务或代理，并取得服务费用的咨询服务机构和其他为工程建设服务的专业中介组织。中介机构作为政府、市场、企业之间联系的纽带，具有不可替代的作用。在此种情况下诞生了造价通等建材询价网站，此类网站的诞生也大大地方便了造价信息的查询。发达市场的中介机构是市场体系成熟和市场经济发达的重要表现。

（二）建筑工程市场的客体

市场客体是指一定量的可供交换的商品和服务，它包括有形的物质产品和无形的服务，以及各种商品化的资源要素，如资金、技术、信息和劳动力等。市场活动的基本内容是商品交换，若没有交换客体，就不存在市场，具备一定量的可供交换的商品，是市场存在的物质条件。

建筑市场的客体一般称作建筑产品，它包括有形的建筑产品——建筑物和无形的产品——各种服务。客体凝聚着承包商的劳动，业主以投入资金的方式取得它的使用价值。在不同的生产交易阶段，建筑产品表现为不同的形态。它可以是中介机构提供的咨询报告、咨询意见或其他服务，可以是勘察设计单位提供的设计方案、设计图纸、勘察报告，可以是生产厂家提供的混凝土构件、非标准预制构件等产品，也可以是施工企业提供的最终产品——各种各样的建筑物和构筑物。

1. 建筑产品的特点

①建筑产品的单一性。建筑产品有唯一的设计图纸和建设地点，即使是相同的图纸建造的两栋建筑也是不相同的。

②建筑产品生产过程的统一性。建筑产品生产建设的客观规律，决定了建筑产品生产过程的统一性。从基础工程开始，到土建工程，一步步完成建筑产品的生产。

③建筑产品的不可逆性。建筑产品的生产与一般的产品生产加工是不同的，它是一气呵成的生产过程，没有可逆性。

④建筑产品的社会性。建筑产品完成后，不仅仅是一个具有建筑功能的建筑物，而且在社会生活中，建筑产品还会形成一个城市地标并具有建筑美感和历史文化意义的综合体，这就是建筑产品的社会性。

2. 建筑产品的属性

①建筑产品的功能性。作为一个建筑产品，不论是建筑物还是构筑物，都应该由它内在的功能性来满足建设单位不同的需求。

②建筑产品的艺术性。一个建筑产品的建造，首先需要设计，设计的过程就是形成艺术性的过程，具备实用性和艺术性的高度统一，是设计要达到的主要目标。

③建筑产品的商品属性。建造一个建筑产品需要消耗一定的社会生产价值，因此，建筑产品也具有商品的属性。可以根据相应的方法来给建筑产品标价，并可以按照规定进行转让。

三、建筑市场资质和资格管理

根据《建筑法》和《招标投标法》规定，在中华人民共和国境内从事建设工程勘察、设计、施工、监理的承包单位，必须具有相应的资质。凡从事建设咨询、工程造价咨询、招标投标代理和房地产评估等行业的，也必须符合相应资质条件并在资质允许范围内执业。

在建设工程进行过程中，相关单位的人员须具备专业人员职业资格许可方可进行执业。

（一）从业单位资格许可

从事建筑活动的建筑施工企业、勘察单位、设计单位和工程监理单位，按照其拥有的注册资本、专业技术人员、技术装备和已完成的建筑工程业绩等资质条件，划分为不同的资质等级，经资质审查合格，取得相应等级资质证书后，方可在其资质等级许可范围内从事建筑活动。

1. 工程勘察、设计企业资质

工程勘察企业资质：工程勘察企业资质分为工程勘察综合资质、工程勘察专业资质和工程勘察劳务资质。工程勘察综合资质只设甲级。工程勘察专业资质分为甲、乙、丙三个级别。工程勘察劳务资质不分级别。

工程设计企业资质：工程设计资质分为工程设计综合资质、工程设计行业资质和工程设计专业资质。工程设计综合资质只设甲级，工程设计行业资质和工程设计专业资质设甲、乙两个级别。

2. 建筑业企业资质

我国建筑业企业资质分为施工总承包、专业承包和劳务分包三个序列。施工总承包资质、专业承包资质、劳务分包资质序列按照工程性质和技术特点分别划分为若干资质类别。各资质类别按照规定的条件划分为若干资质等级。施工总承包企业划分为12个类别，专业承包企业划分为60个类别，劳务分包企业划分为13个类别。

房屋建筑工程施工总承包企业资质分为特级、一级、二级、三级。不同的资质等级由不同级别的行政部门审批。施工总承包特级资质、一级资质由国务院建设主管部门批准，施工总承包二级资质，专业承包序列一级、二级资质由企业工商注册所在地省、自治区、直辖市人民政府建设主管部门批准。施工总承包序列三级资质、专业承包序列三级资质、劳务分包序列资质由所在地市人民政府建设主管部门批准。

3. 工程监理企业资质

工程监理企业资质分为综合资质、专业资质和事务所资质。综合资质、事务所资质不分级别。专业资质分为甲级、乙级；其中，房屋建筑、水利水电、公路和市政公用专业资质可设立丙级。工程监理企业可以开展相应类别建设工程的项目管理、技术咨询等业务。

4. 工程造价咨询企业资质

工程造价咨询企业资质等级分为甲级、乙级。甲级工程造价咨询企业资质由国务院建设主管部门审批，乙级工程造价咨询企业资质由省、自治区、直辖市人民政府建设主管部门审查决定。

(二) 从业人员资格许可

《建筑法》第十四条规定：从事建筑活动的专业技术人员，应当依法取得相应的职业资格证书，并在职业资格证书许可的范围内从事建筑活动。在我国，工程建设领域专业职业资格主要有以下八种类型：注册建筑师、注册结构工程师、注册监理工程师、注册建造师、注册城市规划师、注册土木（岩土）工程师、注册房地产估价师、注册造价工程师。

共同特点：

①需要一定的从业经历和学历要求；

②需要通过国家组织的统一考试；

③需要定期进行注册；

④需要在各自执业范围内执业并接受继续教育。

四、建设工程招标代理机构

招标代理机构是指受招标人委托，从事招标组织活动的中介机构。

（一）招标代理机构的性质

招标代理机构是依法设立，从事招标代理业务并提供相关服务的社会中介组织。招标代理机构与行政机关和其他国家机关不得存在隶属关系或者其他利益关系。

（二）招标代理机构的设立

招标代理机构可以以多种组织形式存在，可以是有限责任公司，也可以是合伙等，一般自然人不能从事招标代理业务。招标代理机构须依法登记设立，从事有关招标代理业务的资格需要有关行政主管部门审查认定。工程招标代理机构资格分为甲级、乙级和暂定级。

招标代理机构的业务范围包括从事招标代理业务，即接受招标人委托，组织招标活动。具体业务活动流程包括帮助招标人或受其委托拟定招标文件，依据招标文件的规定，审查投标人的资质，组织评标、定标等；提供与招标代理业务相关的服务，即指提供与招标活动有关的咨询、代书及其他服务性工作。

（三）招标代理机构的法律责任

工程招标代理机构在工程招标代理活动中不得有下列行为：

①与所代理招标工程的招投标人有隶属关系、合作经营关系以及其他利益关系；

②从事同一工程的招标代理和投标咨询活动；

③超越资格许可范围承担工程招标代理业务；

④明知委托事项违法而进行代理；

⑤采取行贿、提供回扣或者给予其他不正当利益等手段承接工程招标代理业务；

⑥未经招标人书面同意，转让工程招标代理业务；

⑦泄露应当保密的与招标投标活动有关的情况和资料；

⑧与招标人或者投标人串通，损害国家利益、社会公共利益和他人合法权益；

⑨对有关行政监督部门依法责令改正的决定拒不执行或者以弄虚作假方式隐瞒真相；

⑩擅自修改经招标人同意并加盖了招标人公章的工程招标代理成果文件；

⑪涂改、倒卖、出租、出借或者以其他形式非法转让工程招标代理资格证书；

⑫法律、法规和规章禁止的其他行为。

以上行为影响中标结果的，中标无效。

申请资格升级的工程招标代理机构或者重新申请暂定级资格的工程招标代理机构，在申请之日起前一年内有前款规定行为之一的，资格许可机关不予批准。

五、建设工程交易中心

建设工程交易中心是我国近几年来在改革中出现的使建设市场有形化的管理方式。通过行政指导的方式，在各地设立专门的建设工程交易中心，将建设工程的勘察、设计、施工、监理、咨询等业务招标投标和相关手续的办理纳入其中，既方便了工程建设手续的办理，又能科学规范地指导和监督建设工程的招标投标行为。

（一）建设工程交易中心的性质与作用

1. 建设工程交易中心的性质

①建设工程交易中心是经过政府授权批准成立的服务性机构，是专门针对建设工程交易行为的专项市场。

②建设交易中心不以营利为目的，旨在为建立公开、公正、平等竞争的招投标制度服务，只可以收取一定的服务费，工程交易行为不能在场外发生。

2. 建设工程交易中心的作用

建设工程交易中心通过在《建筑法》和《招标投标法》的指导下开展建设工程相关交易活动，建立国有投资的监督制约机制，规范建设工程承发包行为，将建筑市场纳入法制机制管理轨道。

（二）建设工程交易中心的基本功能

①信息服务功能；

②集中办公功能；

③监督管理职能。

（三）建设工程交易中心的运行原则

①信息公开原则；

②依法管理原则；

③公平竞争原则；

④属地进入原则。

（四）建设工程交易中心运作的一般程序

按照有关规定，建设项目进入建设工程交易中心后，一般按以下程序运行：建设工程备案报建→确定招标方式、发布招标信息、编制招标文件→招标、评标→签订合同、合同备案→办理质监、安监手续，申请施工许可证。

六、建设工程招标投标行政监管机构

（一）招标投标活动的市场法则

工程招投标是建筑市场的组成部分，它服从于我国的市场运行和管理。市场的运行规则是国家有关机构为了保证市场的正常运行而制定的法律、法规及行为准则，要求进入市场的各方必须共同遵守。这些规则包括：

1. 市场准入规定

市场主体各方进入市场必须具有相应的基本条件（资格、资质、相应的实力、经验和信誉等）。市场准入制在工程招标投标中，不仅对规范招标投标市场具有重要的意义，而且对于保证工程质量、提高项目建设效果也具有十分重要的意义。

2. 市场竞争规则

保证各市场主体能够在平等的、诚实信用的原则基础上进行竞争。

3. 市场交易规则

公开交易（公开招标、公布评标条件）、公平交易（自愿、等价、互惠）和公正（对竞标人不分地区、不分归属，一视同仁，不偏不倚）。

（二）建设工程招标投标行政监管机构

各地建设行政主管部门（一般是县级以上）负责本行政区域内建筑工程市场的监督管理工作。县（市）以上人民政府工商行政管理、计划和其他有关行业主管部门依照法律、法规的规定，根据各自的职责，协同本级建设行政主管部门实施建筑市场的监督管理。

为了方便监督管理，我国各级行政机构规定将本行政区域内的建设工程活动统一纳入建设工程交易中心中来进行，以达到监督管理的目的。在建设工程交易中心，一方面交易中心为建设工程的招标投标活动提供服务，另一方面又对其进行监督。

我国各级监察部门也可以对招标投标活动中发生的违规行为进行监督，必要时可以提请公安检察部门介入调查。

（三）建设工程招投标行政监管方法

1. 建设工程市场登记备案制度

建设工程立项后，建设单位应当按照规定向建设行政主管部门登记备案。国家和省（自治区、直辖市）为主投资的建设工程项目，到省（自治区、直辖市）建设行政主管部门登记备案；市（地）为主投资的建设工程项目，到市（地）建设行政主管部门登记备案；县（市）为主投资的建设工程项目，到县（市）建设行政主管部门登记备案。外商独资、外商控股企业投资、国内私人投资的建设工程项目，到工程所在地的市（地）、县（市）建设行政主管部门登记备案。登记备案一般在各地建设工程交易中心办理。50万元以下的工程项目和设备更新，可以不登记备案。

2. 招标投标管理制度

在各级建设行政主管部门中，下辖的招标管理部门专门对所辖行政区域的建设工程招标投标行为进行监督。对凡是在建设工程交易中心备案的建设交易行为，通过其在交易中心的交易信息即可以方便进行监督。

在建设工程交易中心进行的招投标活动，本身有一套运行有效的程序，可以杜绝招标投标活动中的违规行为。同时，行政的监督和建设工程交易信息的透明化也使招标投标活动无法暗箱操作。

3. 法制化的监督手段

除了以上制度上的监管手段外，我国正在努力完善相关的法律制度。已有的《建筑法》和《招标投标法》对建设工程承包发包行为和招标投标做出了相应的规定，其他的相关法律和法规也对在招标投标活动中相关人员的违法违纪行为做出了惩罚规定。所有的法律都是为了能够有一个净化的建设工程交易市场而定制的。

（四）招标投标的市场管理

建设工程市场是我国针对建设工程交易活动所建立的在行政监督管理下的专业市场，行政监督的目的不是管理，而是要通过管理监督促进行业的发展，改变过去招标投标行为的不规范操作，通过监督为我国建筑业的发展创造一个健康的氛围。在市场经济下，国家对市场的管理，是通过国家有关主管部门、省地市政府主管部门等制定法律法规、实施细则，实现对市场的管理，其具体的管理方式有如下几种：

①依法治市；

②市场监督；

③市场执法。

第二节　建设工程承发包

一、建设工程承发包的概念

建筑工程承发包，是指经济活动中，作为交易一方的建设单位，将需要完成的建筑工程勘察、设计、施工等工作全部或者其中一部分交给交易的另一方勘察、设计、施工单位去完成，并按照双方约定支付报酬的行为。

发包、承包是一方当事人（承包人）为另一方当事人（发包人）完成某项工作，另一方当事人接受工作成果并支付工作报酬的行为。把某项工作交给他人完成并有义务接受工作成果，支付工作报酬，是发包。承包是指承揽他人交付某项工作，并完成某项工作。发包与承包构成发包、承包经济活动的不可分割的两个方面、两种行为。

（一）建筑工程发包与承包的特征

建筑工程发包、承包与计划经济时期建筑工程生产管理及其他相关发包、承包活动相比，主要有以下几个方面的特征：

1. 发包、承包主体的合法性

承包人必须是依法取得资质证书，具备法人资格的勘察、设计、施工等单位，并且在其资质等级许可的业务范围内承揽工程。

2. 发包、承包活动内容的特定性

建筑工程发包、承包的内容涉及建筑工程的全过程，包括建设项目可行性研究的承发包、工程勘察设计的承发包、建筑材料及设备采购的承发包、工程施工的承发包、工程劳务的承发包、工程项目监理的承发包等。但是在实践中，建筑工程承发包的内容较多的是建筑工程勘察设计、施工的承发包。

3. 发包、承包行政监控的严格性

建设工程发包、承包活动具有工期长、造价高、涉及金额巨大、技术难度大等特点，并且建筑工程使用寿命长，成品后对建设过程中的问题难以补救，尤其是建筑工程质量安全关系到国家利益、社会利益和广大人民群众的生命财产安全，因此国家加强对建筑工程发包、承包的管理、监督和控制，必须严格执法，保障建筑工程发包、承包依法进行，实行工程报建制度，招标、投标制度，建筑工程承包合同制度及其他监督管理措施，以确保建筑工程质量，维护良好的建筑市场秩序。

（二）建筑工程发包与承包的原则

建筑工程发包、承包活动是一项特殊的商品交易活动，同时又是一项重要的法律活动，因此，承发包双方必须共同遵循交易活动的一些基本原则，依法进行，才能确保活动顺利、高效、公平地进行。《建筑法》将这些基本原则以法律的形式做了如下规定：

1. 承发包双方依法订立书面合同和全面履行合同义务的原则

承发包双方依法订立书面合同和全面履行合同是国际通行的原则。双方经过招标投标后，中标单位应与发包单位签订书面的建筑工程承包、勘察设计合同。由于建筑工程承包合同所设计的内容特别复杂，合同履行期较长，为便于明确各自的权利和义务，减少纷争，《建筑法》和《中华人民共和国合同法》（以下简称《合同法》）都明确规定，建筑工程承包合同应当采用书面形式。建筑工程合同的订立、合同条款的变更，均应采用书面形式。全部或者部分使用国有资金投资或者国家融资的建筑工程应当采用国家发布的建设工程示范文本。

2. 建筑工程发包、承包实行以招标、投标为主，直接发包为辅的原则

工程发包可以分为招标发包与直接发包两种形式。招标发包是一种科学先进的发包方式，也是国际通用的形式，受到社会和国家的重视。因此，《建筑法》规定，建筑工程依法实行招标发包，对不适于招标发包的可以直接发包。

3. 禁止承发包双方采取不正当竞争手段的原则

任何一项建筑工程都是涉及重大财产、安全的工程，在勘察、设计、施工、安装、监

理等方面都必须遵照法律和科学规律办事。发包单位及其工作人员在建筑工程发包中不得收受贿赂、回扣或者索取其他好处。承包单位及其工作人员不得利用向发包单位及其他工作人员行贿、提供回扣或者给予其他好处等不正当手段承揽工程。

二、建设工程承发包的内容

建筑工程发包，是相对于建筑工程承包而言的，是指建设单位（或总承包单位）将建筑工程任务（勘察、设计、施工等）的全部或一部分通过招标或其他方式，交付给具有从事建筑活动的法定从业资格的单位完成，并按约定支付报酬的行为。

（一）发包

根据《招标投标法》，在中华人民共和国境内进行下列工程建设项目包括项目的勘察、设计、施工、监理以及与工程建设有关的重要设备、材料等的采购，必须根据《招标投标法》进行招标发包：

①大型基础设施、公用事业等关系社会公共利益、公众安全的项目；

②全部或者部分使用国有资金投资或者国家融资的项目；

③使用国际组织或者外国政府贷款、援助资金的项目。

提倡对建筑工程实行总承包，禁止将建筑工程肢解发包。建筑工程的业主单位，可以根据法律规定的权限，对本单位的建筑工厂项目的勘察、设计、施工、安装、监理等工程项目内容进行发包。

1. 必须招标项目的规模标准

①各规定范围内的各类工程建设项目，包括项目的勘察、设计、施工、监理以及与工程建设有关的重要设备、材料等的采购，达到下列标准之一的，必须进行招标：

A. 施工单项合同估算价在 200 万元人民币以上的；

B. 重要设备、材料等货物的采购，单项合同估算价在 100 万元人民币以上的；

C. 勘察、设计、监理等服务的采购，单项合同估算价在 50 万元人民币以上的；

D. 单项合同估算价低于上述标准，但项目总投资额在 3000 万元人民币以上的。

②依法必须进行招标的项目，全部使用国有资金投资或者国有资金投资占控股或者主导地位的，应当公开招标。

2. 可以不进行招标的建设项目范围

①涉及国家安全、国家秘密或者抢险救灾而不适宜招标的；

②属于利用扶贫资金实行以工代赈需要使用农民工的；

③施工主要技术采用特定的专利或者专有技术的；

④施工企业自建自用的工程，且该施工企业资质等级符合工程要求的；

⑤在建工程追加的附属小型工程或者主体加层工程，原中标人仍具备承包能力的；

⑥法律、行政法规规定的其他情形。

（二）承包

我国对工程承包单位（包括勘察、设计、施工单位）实行资质等级许可制度。《建筑法》第 26 条第 1 款规定："承包建筑工程的单位应当持有依法取得的资质证书，并在其资质等级许可的业务范围内承揽工程。"

1. 承包方主体资格

承包建筑工程的单位应当持有依法取得的资质证书，并在其资质等级许可的业务范围内承揽工程。禁止建筑施工企业超越本企业资质等级许可的业务范围或者以任何形式用其他建筑施工企业的名义承揽工程。禁止建筑施工企业以任何形式允许其他单位或者个人使用本企业的资质证书、营业执照，以本企业的名义承揽工程。

2. 联合共同承包

《建筑法》第 27 条规定："大型建筑工程或者结构复杂的建筑工程，可以由两个以上的承包单位联合共同承包。"共同承包的各方对承包合同的履行承担连带责任。两个以上不同资质等级的单位实行联合共同承包的，应当按照资质等级较低的单位的业务许可范围承揽工程。

3. 分包与责任承担

《建筑法》第 29 条规定："建筑工程总承包单位可以将承包工程中的部分工程发包给具有相应资质条件的分包单位。但是，除总承包合同中约定的分包外，必须经建设单位认可。"

4. 禁止转包和肢解分包

《建筑法》禁止承包单位将其承包的全部建筑工程转包给他人，禁止承包单位将其承包的全部建筑工程肢解以后以分包的名义分别转包给他人。《建设工程质量管理条例》将违法分包情形界定为：

①总承包单位将建设工程分包给不具备相应资质条件的单位的。

②建设工程总承包合同中未有约定，又未经建设单位许可，承包单位将其承包的部分建设工程交由其他单位完成的。

③施工总承包单位将建设工程主体结构的施工分包给其他单位的。

④分包单位将其承包的建设工程再分包的。

三、建设工程承发包的方式

在建筑工程经济活动中，工程发包可以分为招标发包与直接发包两种形式。发包单位可以根据《招标投标法》的相关要求，对照工程特点，采取招标的手段选择承包单位，或不通过招投标直接发包给具有相应资质条件的施工单位。作为承包单位的施工单位，可以根据自身资质条件去承包工程的全部内容或根据分包条件规定，承包部分工程，也可与其他施工单位组成联合体，承包某项工程的建设。

（一）发包方式

1. 招标发包

招标发包是一种科学先进的发包方式，也是国际通用的形式，受到社会和国家的重视。招标发包是指建设工程发包单位，根据《招标投标法》的规定，对符合招标投标的工程，通过招标投标的方法，择优选择具有相应资质的承包单位的方法。通过招标投标，发包单位可以经过多方面的对比选择，在承包价格、技术实力、施工经验、质量标准等方面，择优选择合适的承包单位。中标的承包单位，不一定是价格最优的投标者。根据《招标投标法》实行招标发包的工程，应该遵循公开、公平、公正的原则，择优选择承包单位。对于不适合招标发包可以直接发包的建设工程，承包人依然要具有相应的承包资质。

2. 直接发包

由发包人直接选定特定的承包人，与其进行直接协商谈判，对工程建设达成一致协议后，与其签订建筑工程承包合同的发包方式。发包人不只是包括建设单位，他还可以是总承包单位、分包单位等，但一般见到的是发包人就是建设单位。

（二）承包方式

1. 工程总承包

《建筑法》第 24 条第 2 款规定："建筑工程的发包单位，可以将建筑工程的勘察、设计、施工、设备采购一并发包给一个工程总承包单位。"工程总承包的具体方式、工作内容和责任等，由发包单位与工程总承包企业在合同中约定。目前，我国常见的工程总工程包主要有以下几种方式：

①设计采购施工交钥匙总承包。工程总承包企业按照合同约定，承担工程项目的设计、采购、施工、试运行服务等工作，并对工程的质量、安全、工期、造价全面负责。总承包单位最终向业主提交一个满足使用功能、具有使用条件的工程项目。发包人（建设单位）一般提出使用要求、竣工期限或对其他重大决策性问题做出决定，承包人对项目筹划、可行性研究、勘察、设计、材料订货、设备询价与选购、建造安装、装饰装修、职工培训、竣工验收，直到投产使用和建设后评估等全过程，实行全面总承包，并负责对各项分包任务和必要时被吸收参与工程建设有关工作的发包人的部分力量，进行统一组织、协调和管理。

建设全过程承包，主要适用于各种大中型建设项目。

②设计-施工总承包。设计-施工总承包是指工程总承包企业按照合同约定，承担工程项目的设计和施工，并对承包工程的质量、安全、工期、造价全面负责。

2. 联合承包

《建筑法》第 27 条规定："大型建筑工程或者结构复杂的建筑工程可以由两个以上的承包单位联合承包。共同承包的各方对承包合同的履行承担连带责任。两个以上不同资质等级的单位实行联合体共同承包的，应当按照资质等级较低的单位的业务许可范围承揽工程。"对于联合承包，要求双方在投标前签订联合承包协议书，明确双方的责任、权利、义务，以及在投标中的明确任务。

3. 工料结合的承发包模式

在以往的建设工程承发包中，根据施工单位与建设单位签订合同与工料结合情况，承发包模式可分为包工包料、包工半包料和包工不包料三种。

①包工包料承发包模式。包工包料承发包模式是由承包方对所承建的建筑工程所需要的全部人工、建筑材料、机械台班等按承包合同规定全部承包下来的一种经营方式。

②包工半包料承发包模式。承包人只负责提供施工的全部人工和一部分材料，其余部分材料由发包人或总承包人负责供应。

③包工不包料承发包模式。包工不包料，是指承包方只提供建设工程所需的人工和机械台班以及一定的管理，所有的建筑材料完全由发包方提供。

（三）承包工程后禁止转包

《建筑法》第 28 条规定："禁止承包单位将其承包的全部建筑工程转包给他人，禁止承包单位将其承包的全部建筑工程肢解以后以分包的名义分别转包给他人。"承包单位接到工程后，应积极组织施工，按照承包合同履行自己的义务。

第三节　建设工程招投标基本内容

一、建设工程招标投标的概念

建设工程招投标是建设工程招标和投标的总称，是我国根据国际建设市场的成熟经验所实行的建设工程承发包形式。我国自 2000 年 1 月 1 日起，开始实施《中华人民共和国招标投标法》，规定对于符合该法要求招标范围的建筑工程，必须依照《招标投标法》实行招标发包。

根据招投标的一般程序，一个建筑工程项目的招投标过程通常分为招标、投标。

（一）招标

招标是指招标人依法提出招标项目及其相应的要求和条件，通过发布招标公告或发出投标邀请书吸引潜在的投标人参加投标的行为。不仅是工程施工可以采取招标的形式，与建设工程相关的勘察、设计、施工、监理、设备（材料）采购等都可以通过招标来确定最优成交者。

（二）投标

投标，是指投标人响应招标文件的要求，参加投标竞争的行为。参加投标的单位，在招标邀请书规定的期限内到指定的招投标服务机构购买招标文件后，对照招标文件内容，结合自身的资质等级、设备人员情况及其他因素决定是否参加投标。如决定参加投标，应在投标书规定的提交投标书截止日期前，将本单位编写的投标文件，按照要求制作并提交。

（三）招标投标的意义

①形成了由市场定价的价格机制；
②不断降低社会平均劳动消耗水平；
③工程价格更加符合价值基础；
④符合公开、公平、公正的原则；
⑤能够减少交易费用。

二、建设工程招标投标类型及其特点

（一）建设工程招标投标类型

1. 按照工程建设程序分类

①建设项目前期咨询招标投标；

②勘察设计招标；

③材料设备采购招标；

④工程施工招标。

2. 按工程项目承包的范围分类

①项目全过程总承包招标；

②工程分承包招标；

③专项工程承包招标。

3. 按行业或专业类别分类

按与工程建设相关的业务性质及专业类别划分，可将工程招标分为土木工程招标、勘察设计招标、材料设备采购招标、安装工程招标、建筑装饰装修招标、生产工艺技术转让招标、咨询服务（工程咨询）及建设监理招标等。

4. 按工程承发包模式分类

按照工程承发包模式，可以分为工程咨询招标、交钥匙工程招标、设计施工招标、设计管理招标、BOT 工程招标。

5. 按工程是否具有涉外因素分类

按照工程是否具有涉外因素，可以将建设工程招标分为国内工程招标投标和国际工程招标投标。

（二）建设工程招标方式

1. 公开招标

公开招标，也称无限竞争招标，是指招标人以招标公告的方式邀请不特定的法人或者其他组织参加投标。采取公开招标方式，可以为所有符合条件的潜在投标人提供一个平等参与和充分竞争的机会，这样有利于招标人选择最优中标人。

根据《工程建设项目施工招标投标办法》第 11 条规定，下列施工招标项目应当采取公开招标：

①国务院发展计划部门确定的国家重点建设项目；

②省、自治区、直辖市人民政府确定的地方重点建设项目；

③全部使用国有资金投资或者国有资金投资占控股或者主导地位的工程建设项目。

对于以上三类工程建设项目，其招标信息发布应当符合法律规定的形式，可以采取项目招标公告方式，通过国家指定的报刊、信息网络或者其他媒介发布。

2. 邀请招标

邀请招标，也称有限竞争招标，是指招标人以投标邀请书的方式邀请特定的法人或者其他组织投标。

根据《工程建设项目施工招标投标办法》第 11 条，对于应当公开招标的施工招标项目，有下列情形之一的，经批准可以采取邀请招标方式进行招标：

①项目技术复杂或有特殊要求，只有少量几家潜在投标人可供选择的；

②受自然地域环境限制的；

③涉及国家安全、国家秘密或者抢险救灾，适宜招标但不宜公开招标的；

④拟公开招标的费用与项目的价值相比，不值得的；

⑤法律、法规规定不宜公开招标的。

采用邀请招标方式的，应当向三个以上具备承担招标项目的能力、资信良好的特定法人或者其他组织发出投标邀请书。

（三）　建设工程招标投标的特点

①法规性强。工程招标与投标必须遵循相应法律法规。

②专业性强。工程招标投标涉及工程技术、工程质量、工程经济、合同、商务、法律法规等各个方面，其招标投标的专业性强。

③透明度高。招标投标中自始至终要贯彻"公开、公正、公平"的原则，公开是基础，在招标全过程中的高度透明是保证招标公正公平的前提。

④风险性高。

⑤理论性与实践性强。

三、建设工程招标投标基本原则

《招标投标法》第 5 条规定："招标投标活动应当遵循公开、公平、公正和诚实信用的原则。"

（一）公开原则

公开原则要求招标信息公开。根据《招标投标法》规定，依法必须进行招标项目的招标公告，应当通过国家指定的报刊、信息网络或者其他媒介发布。

（二）公平原则

公平原则要求给予所有投标人平等的机会，使其享有同等的权利，履行同等的义务。

（三）公正原则

公正原则要求招标人在招标投标活动中应当按照统一的标准衡量每一个投标人的优劣。

（四）诚实信用原则

诚实信用原则，是我国民事活动应当遵循的一项重要基本原则。

四、建设工程招标投标主体

（一）招标主体

我国《招标投标法》规定："招标人是依照本法规定提出招标项目，进行招标的法人或者其他组织。"在招标投标中，招标的主体可以有以下两种情形：

1. 法人

指具有民事权利能力和民事行为能力，并依法享有民事权利承担民事义务的组织，包括企业法人、机关法人、事业单位法人、社会团体法人。

2. 其他组织

指不具备法人条件的组织，包括有法人的分支机构，企业之间或企业、事业单位之间联营、合伙组织，个体工商户，农村承包经营户等。

其招标主体的具体表现形式包括：政府机构、国有企业、事业单位、集体企业、民营企业、外商及合资企业、非法人组织及个体工商户。

在招标投标活动中，根据《招标投标法》的规定，允许招标业主聘请专业的招标代理机构，就其所要招标的项目进行代理招标服务。

（二）投标主体

根据《招标投标法》第 26 条规定，投标人应当具备承担招标项目的能力；国家有关规定或者招标文件对投标人资格条件有规定的，投标人应当具备规定的资格条件。投标的主体是指具有独立法人资格的、具有相应资质等级条件并具备相应资金技术实力的投标人。针对招标项目的不同，投标人可以是项目咨询单位、建设工程勘察设计单位、建设工程施工单位、设备供应商、材料供应商等。

《招标投标法》第 31 条规定，两个以上法人或者其他组织可以组成联合体，以一个投标人的身份共同投标。对于联合体各方资质条件要求如下：

①联合体各方均应具备承担招标项目的相应能力；

②国家有关规定或者招标文件对投标人资格条件有规定的，联合体各方均应当具备规定的相应资格条件；

③由同一专业单位组成的联合体，按照资质等级较低的单位确定资质等级。

联合体各方应当签订共同投标协议，明确双方拟承担的工作和责任，并将共同投标协议连同投标文件一并提交招标人；联合体中标后，联合体各方应当共同与招标人签订合同，就中标项目向招标人承担连带责任。

第二章 房屋与市政建设工程招标

第一节 建设工程招标概述

一、建设工程招标范围和条件

（一）建设工程招标范围

建设工程采用招标投标这种承发包方式，在提高工程经济效益、保证建设质量、保证社会及公众利益方面具有明显的优越性。世界各国和主要国际组织都规定，对某些工程建设项目必须实行招标投标。我国有关的法律、法规和部门规章根据工程建设项目的投资性质、工程规模等因素，也对建设工程招标范围和规模标准进行了界定，在此范围之内的项目，必须通过招标进行发包；而在此范围之外的项目，是否招标业主可以自愿选择。

《中华人民共和国招标投标法》（以下简称《招标投标法》）关于必须进行招标的工程建设项目的范围和规模标准的有关规定。

《招标投标法》第三条规定：在中华人民共和国境内进行下列工程建设项目包括项目的勘察、设计、施工、监理以及与工程建设有关的重要设备、材料等的采购，必须进行招标。

①大型基础设施、公用事业等关系社会公共利益、公众安全的项目；

②全部或者部分使用国有资金投资或者国家融资的项目；

③使用国际组织或者外国政府贷款、援助资金的项目。

中华人民共和国国家发展和改革委员会关于《工程建设项目招标范围和规模标准规定》的有关规定。

《招标投标法》中所规定的招标范围，是一个原则性的规定，针对这种情况，原国家计划发展委员会制定出了更具体的招标范围。

根据《工程建设项目招标范围和规模标准规定》的规定，具体包括下列内容：

①关系社会公共利益、公众安全的基础设施项目的范围包括以下几个方面：

A. 煤炭、石油、天然气、电力、新能源等能源项目;

B. 铁路、公路、管道、水运、航空以及其他交通运输业等交通运输项目;

C. 邮政、电信枢纽、通信、信息网络等邮电通信项目;

D. 防洪、灌溉、排涝、引（供）水、滩涂治理、水土保持、水利枢纽等水利项目;

E. 道路、桥梁、地铁和轻轨交通、污水排放及处理、垃圾处理、地下管道、公共停车场等城市设施;

F. 生态环境保护项目;

G. 其他基础设施项目。

②关系社会公共利益、公众安全的公用事业项目的范围包括以下几个方面:

A. 供水、供电、供气、供热等市政工程项目;

B. 科技、教育、文化等项目;

C. 体育、旅游等项目;

D. 卫生、社会福利等项目;

E. 商品住宅，包括经济适用住房;

F. 其他公用事业项目。

③使用国有资金投资项目的范围包括以下几个方面:

A. 使用各级财政预算资金的项目;

B. 使用纳入财政管理的各种政府性专项建设基金的项目;

C. 使用国有企业、事业单位自有资金，并且国有资产投资者实际拥有控制权的项目。

④国家融资项目的范围包括以下几个方面:

A. 使用国家发行债券所筹资金的项目;

B. 使用国家对外借款或者担保所筹资金的项目;

C. 使用国家政策性贷款的项目;

D. 国家授权投资主体融资的项目;

E. 国家特许的融资项目。

⑤使用国际组织或者外国政府资金的项目的范围包括以下几个方面:

A. 使用世界银行、亚洲开发银行等国际组织贷款资金的项目;

B. 使用外国政府及其机构贷款资金的项目;

C. 使用国际组织或者外国政府援助资金的项目。

⑥上述①、②项规定范围内的各类工程建设项目，包括项目的勘察、设计、施工、监理以及与工程建设有关的重要设备、材料等的采购，达到下列标准之一的，必须进行招标:

A. 施工单项合同估算价在 200 万元人民币以上的；

B. 重要设备、材料等货物的采购，单项合同估算价在 100 万元人民币以上的；

C. 勘察、设计、监理等服务的采购，单项合同估算价在 50 万元人民币以上的；

D. 单项合同估算价低于上述三项规定的标准，但项目总投资额在 3000 万元人民币以上的。

（二）建设工程招标条件

招标项目按照国家有关规定需要履行项目审批手续的，应当先履行审批手续，取得批准。招标人应当有进行招标项目的相应资金或者资金来源已经落实，并应当在招标文件中如实载明。针对工程建设项目施工，根据《工程建设项目施工招标投标办法》（2013 年修订），依法必须招标的工程建设项目，应当具备下列条件才能进行施工招标：

①招标人已经依法成立；

②初步设计及概算应当履行审批手续的，已经批准；

③有相应资金或资金来源已经落实；

④有招标所需的设计图纸及技术资料。

二、建设工程招标的主要工作程序和内容

（一）建设工程招标的主要工作程序

建设工程招标的主要工作程序可概括为建设项目报建，编制招标文件、发放招标文件，开标、评标与定标，签订合同。

（二）建设工程招标的主要工作内容

建设工程招标的主要工作内容为：编制招标文件、对投标人资格审查、确定建设工程标底及评标等。

三、建设工程招标的方式和方法

（一）建设工程招标的方式

根据《招标投标法》的规定，招标分为公开招标和邀请招标。

1. 公开招标

公开招标又称无限竞争性招标，是指招标人以招标公告的方式邀请非特定法人或者其

他组织投标。即招标人按照法定程序，在国内外公开出版的报刊或通过广播、电视、网络等公共媒体发布招标公告，凡有兴趣并符合公告要求的供应商、承包商，不受地域、行业和数量的限制均可以申请投标，经过资格审查合格后，按规定时间参加投标竞争。

公开招标的优点是招标人可以在较广的范围内选择承包商或供应商，投标竞争激烈，择优率更高，有利于招标人将工程项目交给可靠的供应商或承包商实施，并获得有竞争性的商业报价，同时，也可以在较大程度上避免招标活动中的贿标行为。因此，国际上的政府采购通常采用这种方式。

公开招标的缺点是对投标申请者进行资格预审和评标的工作量大，招标时间长，费用高。同时，参加竞争的投标者越多，每个参加者中标的机会越小，风险越大，损失的费用也就越多，而这种费用的损失必然反映在标价上，最终会由招标人承担。我国的国家重点建设项目和各省、自治区、直辖市人民政府确定的地方重点建设项目，以及全部使用国有资金投资或者国有资金投资占控股或者主导地位的工程建设项目，应当公开招标。

2. 邀请招标

邀请招标是指招标人以投标邀请书的方式邀请特定的法人或者其他组织投标。邀请招标又称有限竞争性招标，是一种由招标人选择若干符合招标条件的供应商或承包商，向其发出投标邀请，由被邀请的供应商、承包商投标竞争，从中选定中标者的招标方式。邀请招标的特点有以下几点：

①招标人在一定范围内邀请特定的法人或其他组织投标。为了保证招标的竞争性，邀请招标必须向三个以上具备承担招标项目能力并且资信良好的投标人发出邀请书。

②邀请招标无须发布公告，招标人只要向特定的投标人发出投标邀请书即可。接受邀请的人才有资格参加投标，其他人无权索要招标文件，不得参加投标。

邀请招标的优点是简化了招标程序，节约了招标费用并缩短了招标时间。而且由于招标人对投标人以往的业绩和履约能力比较了解，从而减少了合同履行过程中承包商违约的风险。邀请招标虽然不履行资格预审程序，但为了体现公平竞争，便于招标人对各投标人的综合能力进行比较，仍要求投标人按招标文件中的相关要求，在投标书内报送有关资料，在评标时以资格后审的形式作为评标的内容之一。

邀请招标的缺点是不利于招标单位获得最优报价，取得最佳投资建设工程施工招标公告效益。因此，国务院发展计划部门确定的国家重点项目和省、自治区、直辖市人民政府确定的地方重点项目不适宜公开招标的，经国务院发展计划部门或者省、自治区、直辖市人民政府批准，可以进行邀请招标。

（二）建设工程招标的方法

建设工程常用的招标方法见表2-1。

表 2-1　建设工程常用的招标方法

序号	招标方法	说明
1	一次性招标	一次性招标是指建设工程设计图纸、工程概算、建设用地、建筑许可证等均已具备后，全部工程只招一次标就建立全部工程的承发包关系的方法。采用一次性招标方法，整个招标工作一次性完成便于管理。但招标前须做好各项准备工作，故前期准备时间较长。特别是大型工程，若采取此法，投资见效期就要向后推延
2	多次性招标	多次性招标是指对建设项目实行分阶段招标。分阶段按单项工程、单位工程招标，也可按分部工程招标。由于分段招标，设计图纸、工程概算等技术经济文件可以分批供应，也可以争取时间提前开工，缩短建设周期，投资早见效益，但容易出现边设计边施工的现象；容易造成施工脱节，引起矛盾。此法多适用于大型建设项目
3	一次两段式招标	一次两段式招标是指在设计图纸出齐之前，先邀请数个建筑企业进行意向性招标，按约定的评标办法，择优选择一个承包单位，待施工图纸出齐以后再按图纸要求签订合同。一次两段式招标先由建筑企业根据概念设计或性能规格编制技术协议书，招投标双方进行技术和商务的澄清与调整，随后对招标文件做出修订，再由建设单位选定承包人

第二节　建设工程招标文件的编制

一、建设工程招标文件的概念及作用

招标文件是指由招标人或招标代理机构编制并向潜在投标人发售的明确资格条件、合同条款、评标方法和投标文件相应格式的文件。它是投标人编制投标书的依据，也是招标阶段招标人的行为准则。

在建设工程招标准备工作中，招标文件的编制是重要的环节，其重要性体现在以下两个方面：

①招标文件是提供给投标人的投标依据。施工招标文件应准确无误地向投标人介绍实施工程项目的有关内容和要求，包括工程基本情况、预计工期、工程质量情况、支付规定等方面的信息，以便投标人据此编制投标书。

②招标文件的主要内容是签订合同的基础。招标文件中除"投标须知"外，绝大多数内容都将成为今后合同文件的有效组成部分。尽管在招标过程中招标人可能对招标文件中

的某些内容或要求提出补充或修改意见，投标人也会对招标文件提出一些修改要求或建议，但招标文件中对工程施工的基本要求不会有太大变动。由于合同文件是工程实施过程中双方都应严格遵守的准则，也是发生纠纷时进行判断和裁决的标准，所以，招标文件不仅决定了发包人在招标期间能否选择一个优秀的承包人，而且关系到工程施工是否能顺利实施，以及发包人与承包人双方的经济利益。

二、建设工程招标文件的组成

建设工程招标文件是由一系列有关招标方面的说明性文件资料组成的，包括各种旨在阐释招标人意思的文字、图表、电报、传真、电传等材料。一般来说，招标文件在形式构成上，主要包括正式文本、对正式文本的解释和对正式文本的修改三个部分。

（一）招标文件正式文本

招标人应根据建设工程特点和具体情况参照《施工招标文件范本》编写建设工程施工招标文件。

（二）对招标文件正式文本的解释（澄清）

其形式主要是书面答复、投标预备会记录等。投标人如果认为招标文件有问题需要澄清，应在收到招标文件后以文字、电传、传真或电报等书面形式向招标人提出，招标人将以文字、电传、传真或电报等书面形式或以投标预备会的方式给予解答。解答包括对询问的解释，但不说明询问的来源。解答意见经招标投标管理机构核准，由招标人送给所有获得招标文件的投标人。

（三）对招标文件正式文本的修改

其形式主要是补充通知、修改书等。在投标截止日前，招标人可以自己主动对招标文件进行修改，或为解答投标人要求澄清的问题而对招标文件进行修改。修改意见经招标投标管理机构核准，由招标人以文字、电传、传真或电报等书面形式发给所有获得招标文件的投标人。对招标文件的修改，也是招标文件的组成部分，对投标人起约束作用。投标人收到修改意见后应立即以书面形式（回执）通知招标人，确认已收到修改意见。为了给投标人合理的时间，使他们在编制投标文件时将修改意见考虑进去，招标人可以酌情延长递交投标文件的截止日期。

三、建设工程招标文件的编制原则和要求

招标文件的编制必须遵守国家有关招标投标的法律、法规和部门规章的规定，遵循下列原则和要求：

①招标文件必须遵循公开、公平、公正的原则，不得以不合理的条件限制或者排斥潜在投标人，不得对潜在投标人实行歧视待遇。

②招标文件必须遵循诚实信用的原则，招标人向投标人提供的工程情况，特别是工程项目的审批、资金来源和落实等情况，都要确保真实和可靠。

③招标文件介绍的工程情况和提出的要求，必须与资格预审文件的内容相一致。

④招标文件的内容要能清楚地反映工程的规模、性质、商务和技术要求等内容，设计图纸应与技术规范或技术要求相一致，使招标文件系统、完整、准确。

⑤招标文件规定的各项技术标准应符合国家强制性标准。

⑥招标文件不得要求或者标明特定的建筑材料、构配件等生产供应者，以及含有倾向或者排斥投标申请人的其他内容。

⑦招标人应当在招标文件中规定实质性要求和条件，并用醒目的方式标明。

第三节　建设工程招标标底和招标控制价的编制

一、建设工程招标标底的编制

建设工程招标标底是招标过程中的评标依据，是招标人对拟建工程造价的合理期望值，招标人可以通过标底判断投标报价的合理性。也就是说，标底是投标报价的控制线，超过即为废标。标底的实质是业主单位对招标工程的预期价格。其作用：一是使建设单位（业主）预先明确自己在招标工程上应承担的财务义务；二是作为衡量投标报价的准绳，也就是评标的主要尺度之一；同时，也可作为上级主管部门核实投资规模的依据。建设工程标底应由具有编制招标文件能力的招标人或其委托的具有相应资质的工程造价咨询机构、招标代理机构进行编制。

（一）建设工程招标标底的编制依据

①国家的有关法律、法规以及国务院和省、自治区、直辖市人民政府建设行政主管部门制定的有关工程造价的文件、规定。

②工程招标文件中确定的计价依据和计价办法，招标文件的商务条款，包括合同条件中规定由工程承包方应承担义务而可能发生的费用，以及招标文件的澄清、答疑等补充文件和资料。

③工程设计文件、图纸、技术说明及招标时的设计交底，按设计图纸确定的或招标人提供的工程量清单等相关基础资料。

④国家、行业、地方的工程建设标准，包括建设工程施工必须执行的建设技术标准、规范和规程。

⑤采用的施工组织设计、施工方案、施工技术措施等。

⑥工程施工现场地质、水文勘探资料，现场环境和条件及反映相应情况的有关资料。

⑦招标时的人工、材料、设备及施工机械台班等的市场要素价格信息，以及国家或地方有关政策性调价文件的规定。

（二）建设工程招标标底的编制原则

工程招标标底的编制原则，与编制的依据密切相关。从有关建设工程招标标底编制的规定和实践来看，建设工程招标标底的编制原则主要有以下几项：

①标底价格应尽量与市场的实际变化相吻合。标底价格作为建设单位的预期控制价格，应反映和体现市场的实际变化，尽量与市场的实际变化相吻合，要有利于开展竞争和保证工程质量，让承包商有利可图。标底中的市场价格可参考有关建设工程价格信息服务机构向社会发布的价格行情。在标底编制实践中，把握这一原则须注意以下几点：

第一，要根据设计图纸及有关资料、招标文件，参照政府或政府有关部门规定的技术、经济标准、定额及规范，确定工程量和编制标底。

第二，标底价格应由成本、利润、税金等组成，一般应控制在批准的总概算或修正、调整概算及投资包干的限额内。

第三，标底价格应考虑人工、材料、设备、机械台班等价格变动因素，还应包括不可预见费（特殊情况）、预算包干费、赶工措施费、施工技术措施费、现场因素费、保险以及采用固定价格的工程的风险金等，工程要求优良的还应增加相应的优质价的费用。

②按工程项目类别计价。为了保证不同所有制的投标人享有同等待遇，开展平等竞争，标底的计价方法不能按所有制而应统一按工程类别计价。

③一个招标项目只编制一个标底。在工程招标中，一个招标项目只准编制一个标底。对群体建设工程、工业基建工程、大型装饰工程，可分别按招标项目编制标底。

④编审分离和回避。承接标底编制业务的单位及其标底编制人员，不得参与标底审定工作；负责审定标底的单位及其人员，也不得参与标底编制业务。受委托编制标底的单

位，不得同时承接投标人的投标文件编制业务。

（三）建设工程招标标底的主要内容

建设工程项目施工招标标底文件，由标底报审表和标底正文两部分组成：

1. 标底报审表

标底报审表是招标文件和标底正文内容的综合摘要，通常包括以下主要内容：

①招标工程综合说明。包括招标工程的名称、建设地点、工程现场情况、设计概算或修正概算总金额、施工质量要求、定额工期、计划工期、计划开工竣工时间等，必要时要附上招标工程（单项工程、单位工程等）一览表。

②标底价格。包括招标工程的总造价、单方造价，钢材、木材、水泥等主要材料的总用量及其单方用量。

③招标工程总造价中各项费用的说明。包括对包干系数、不可预见费用、工程特殊技术措施费等的说明，以及对增加或减少的项目的审定意见和说明。

2. 标底正文

标底正文是详细反映招标人对工程价格、工期等的预期控制数据和具体要求的部分。一般包括以下内容：

①总则。主要说明标底编制单位的名称、持有的标底编制资质等级证书，标底编制的人员及其执业资格证书，标底具备条件、编制标底的原则和方法，标底的审定机构，对标底的封存、保密要求等内容。

②标底各方面的要求及其编制说明。主要说明招标人在方案、质量、期限、价金、方法、措施等各方面的综合性预期控制指标或要求，并阐释其依据、包括和不包括的内容、各有关费用的计算方式等。

在标底各方面的要求中，要注明各工程的名称、方案重点、质量、工期、单方造价（或技术经济指标）以及总造价，明确装饰装修材料的总用量及单方用量，甲方供应的设备、构件与特殊材料的用量，明确分部、分项直接费，其他直接费，工资及主材的调价，企业经营费，利税取费等。在标底编制说明中，要特别注意对标底价格的计算说明。

③标底价格计算用表。建设工程标底价格采用工料单价和综合单价两种计价方法，二者的标底价格计算用表有所不同。

采用工料单价的标底价格计算用表，主要有标底价格汇总表，工程量清单汇总及取费表，工程量清单表，材料清单及材料差价表，设备清单及价格表，现场因素、施工技术措施及赶工措施费用表等。

采用综合单价的标底价格计算用表，主要有标底价格汇总表，工程量清单表，设备清单及价格表，现场因素、施工技术措施及赶工措施费用表，材料清单及材料差价表，人工工日及人工费用表，机械台班及机械费用表等。

④施工方案及现场条件。主要说明施工方法给定条件、工程建设地点现场条件、临时设施布置及临时用地情况等。

（三）建设工程招标标底的编制方法

根据《建筑工程施工发包与承包计价管理办法》（2013 年 12 月 11 日中华人民共和国住房和城乡建设部令第 16 号）规定：施工图预算、招标标底和投标报价的编制可以采用以下计价办法：

工程量清单应当依据国家制定的工程量清单计价规范、工程量计算规范等编制。工程量清单应当作为招标文件的组成部分。

最高投标限价应当依据工程量清单、工程计价有关规定和市场价格信息等编制。招标人设有最高投标限价的，应当在招标时公布最高投标限价的总价，以及各单位工程的分部分项工程费、措施项目费、其他项目费、规费和税金。

（四）编制标底须考虑的有关因素

应该指出，当前招标工作的标底大多数是在施工图预算基础上确定的，但它不完全等同于施工图预算。因为要编制一个合理的标底，还必须在此基础上考虑以下因素：

①标底必须符合目标工期的要求，对提前工期所采取的措施因素应按提前工期的天数给出必要的赶工费，并列入标底。

②标底必须保证满足招标方的质量要求，对高于国家施工验收规范的质量因素应有所反映。

③标底要适应建筑材料市场价格的变化因素，可列出清单，随同招标文件供投标时参考，并在编制标底时考虑材料价差方面的因素。

④标底应合理考虑招标工程的自然地理条件等因素，将由于自然条件导致施工不利因素而增加的费用计入标底价格内。

⑤选择先进的施工方案计算标底价格，并应根据招标文件规定的工程发承包模式，确定相应的计价方式，考虑相应的风险费用。

二、建设工程招标控制价的编制

招标控制价是指招标人根据国家或省级、行业建设主管部门颁发的有关计价依据和办法，以及拟定的招标文件和招标工程量清单，结合工程具体情况编制的招标工程的最高投标限价。

（一）建设工程招标控制价的作用

①招标控制价作为招标人能够接受的最高交易价，可以使招标人有效控制项目投资，防止恶性投标带来的投资风险。

②有利于增强招投标过程的透明度。招标控制价的编制，淡化了标底作用，避免工程招标中的弄虚造假、暗箱操作等违规行为，并消除因工程量不统一而引起的在标价上的误差，有利于正确评标。

③避免无序竞争。由于招标控制价与招标文件同步编制并作为招标文件的一部分与招标文件一同公布，有利于引导投标方投标报价，避免了投标方无标底情况下的无序竞争。

④为招标人判断最低投标价提供参考依据。招标人在编制招标控制价时通常按照政府规定的标准，即招标控制价反映的是社会平均水平。招标时，招标人可以清楚地了解最低中标价同招标控制价相比能够下浮的幅度，可以为招标人判断最低投标价是否低于成本价提供参考依据。

⑤招标控制价可以为工程变更新增项目确定单价提供计算依据。招标人可在招标文件中规定：当工程变更项目合同价中没有相同或类似项目时，可参照招标时招标控制价编制原则编制综合单价，再按原招标时中标价与招标控制价相比下浮相同比例确定工程变更新增项目的单价。

⑥招标控制价可作为评标时的参考依据，避免出现较大的偏离。

（二）建设工程招标控制价的编制依据

①《建设工程工程量清单计价规范》（GB 50500-2013）；

②国家或省级、行业建设主管部门颁发的计价定额和计价办法；

③建设工程设计文件及相关资料；

④拟定的招标文件及招标工程量清单；

⑤与建设项目相关的标准、规范、技术资料；

⑥工程造价管理机构发布的工程造价信息，当工程造价信息没有发布时，参照市场价；

⑦其他的相关资料。

（三）建设工程招标控制价的编制内容

①综合单价中应包括招标文件中划分的应由投标人承担的风险范围及其费用。招标文

件中没有明确的，如是工程造价咨询人编制，应提请招标人明确；如是招标人编制，应予以明确。

②分部分项工程和措施项目中的单价项目，应根据拟定的招标文件和招标工程量清单项目中的特征描述及有关要求确定综合单价计算。

③措施项目中的总价项目金额应根据招标文件及投标时拟订的施工组织设计或施工方案，按工程量清单应采用综合单价计价自主确定。措施项目中的安全文明施工费必须按国家或省级、行业建设主管部门的规定计算，不得作为竞争性费用。

④其他项目应按下列规定计价：

暂列金额。暂列金额应按招标工程量清单中列出的金额填写。

暂估价。暂估价包括材料暂估价、工程设备单价暂估价和专业工程暂估价。暂估价中的材料、工程设备单价应按招标工程量清单中列出的单价计入综合单价；暂估价中的专业工程金额应按招标工程量清单中列出的金额填写。

计日工。计日工应列出项目名称、计量单位和暂估数量。计日工应按招标工程量清单中列出的项目和数量，自主确定综合单价并计算计日工金额。

总承包服务费。总承包服务费应根据招标工程量清单列出的内容和要求估算。总承包服务费应根据招标工程量清单中列出的内容和提出的要求自主确定。

⑤规费和税金。规费和税金必须按国家或省级、行业建设主管部门的规定计算，不得作为竞争性费用。

第三章 房屋与市政建设工程投标

第一节 建设工程投标人

一、投标人的主体资格

《招标投标法》第二十五条规定："投标人是响应招标、参加投标竞争的法人或者其他组织。依法招标的科研项目允许个人参加投标的，投标的个人适用本法有关投标人的规定。"

招标通告或者邀请发出后，所有对招标通告或邀请感兴趣的或者可能参加投标的人，称为潜在投标人。只有那些响应招标、参加投标的潜在投标人才能称为投标人。这些投标人必须是法人或者其他组织。

所谓响应招标，是指潜在投标人获得了招标信息或者投标邀请函以后，购买标书，接受资格审查，并编制投标文件，按照投标人的要求参加投标的活动。

参加投标竞争是指按照招标文件的要求并在规定的时间内提交投标文件的活动。投标人可以是法人也可以是其他非法人组织。

科研项目对投标个人的规定。按照本法规定，投标人必须是法人或者其他组织，不包括自然人，考虑到科研项目的特殊性，本条对科研项目招标的个人投标做出了规定，个人也可以作为投标主体参加科研项目投标活动。本款是对科研项目投标的特例规定的。

招标投标制作为市场经济条件下一种重要的采购及竞争手段，在科学技术的研究开发及成果推广中也越来越多地为人们所采用。长期以来，我国的科技工作主要是依靠计划和行政的手段来进行管理和调整。从科研课题的确定，到研究开发、试验生产直至推广应用，都是由国家指令性计划安排。国家用于发展科学技术事业特别是科研项目的经费，主要来自财政拨款，并且通过指令性计划的方式来确定经费的投向和分配。科研项目及其经费的确定，往往是采用自上而下或自下而上的封闭方式，这一做法在计划经济体制下曾经发挥了重大的作用，但已不再适应当前市场经济体制下的要求。科研单位缺乏竞争意识和风险意识，上级行政主管部门鼓励联合多于鼓励竞争，不是择优支持，因此不仅在决策上具有一定的盲目性，而且在具体实施过程中，还存在着项目重复、部门分割、投入分散、信息闭塞、人情照顾等弊端，使有限的科技资源难以发挥最优的功效。

二、投标人应当具备的条件

《招标投标法》第二十六条规定："投标人应当具备承担招标项目的能力；国家有关规定对投标人资格条件有规定的，投标人应当具备规定的资格条件。"

投标人应当具备承担招标项目的能力。参加投标活动对参加人有一定的要求，不是所有感兴趣的法人或经济组织都可以参加投标。投标人必须按照招标文件的要求，具有承包建设能力或货物供应能力，这里所指的能力是指完成合同所应当具备的人力、财力和经验业绩等。投标人可以集中精力，提高工作效率。对于一些采购金额比较小的采购项目一般采取资格后审，没有专门的资格预审程序。投标人通常应当具备下列条件：

①与招标文件要求相适应的人力、物力和财力；

②招标文件要求的资质证书和相应的工作经验与业绩证明；

③法律、法规规定的其他条件。

投标人必须重视资格预审，因为资格预审是招标投标的第一轮竞争，只有做好资格预审，并通过资格预审，方能取得投标资格，继续参加投标竞争。资格预审主要审查公司的财务状况、工作经历和业绩、施工设备和机械、管理人员和技术人员的能力等。

国家有关规定对投标人资格条件有规定的，投标人应当具备规定的资格条件。对于一些大型建设项目，要求供应商或承包商有一定的资质要求，建设部、水电部等专业管理部门对承揽重大建设项目都有一系列的规定，如对于参加国家重点建设项目的投标人，必须达到甲级资质。当投标人参加这类招标时必须具有相应的资质。

三、投标人的投标资质

建设工程投标人的投标资质（又称投标资格），是指建设工程投标人参加投标所必须具备的条件和素质，包括资历、业绩、人员素质、管理水平、资金数量、技术力量、技术装备、社会信誉等几个方面。对建设工程投标人的投标资质进行管理，主要就是政府主管机构对建设工程投标人的投标资质，提出认定和划分标准，确定具体等级，发放相应证书，并对证书的使用进行监督检查，由于我国已对从事勘察、设计、施工、建筑装饰装修、工程材料设备供应、工程总承包以及咨询、监理等活动的单位实行了从业资格认证制度，所以在建设工程招标投标管理实践中，一般不再对勘察设计单位、施工企业、建筑装饰装修企业、工程材料设备供应单位、工程总承包单位以及咨询、监理单位等发放专门的投标资质证书，只是对他们已取得的据以从事勘察、设计、施工、建筑装饰装修、工程材料设备供应、工程总承包以及咨询、监理等活动的相应等级的资质证书进行验证，即将工程勘察、设计、施工、建筑装饰装修、工程材料设备供应、工程总承包以及咨询、监理等资质直接确认为相应的投标资质。建设工程投标人持有了勘察设计资质证书，即有了在勘察设计招标项目中进行投标的资质；持有了施工资质证书，即有了在施工招标项目中进行投标的资质；持有了建筑装饰装修资质证书，即有了在建筑装饰装修招标项目中进行投标的资质，其余以此类推。

实践中也有核发投标许可证的做法。有一种投标许可证，是根据本地工程任务的需求总量等控制因素，对外地的承包商核发的。这种投标许可证，实际上是一种地方保护措施，而不是对投标资质进行管理的手段。还有一种投标许可证，是根据承包商已取得的勘察、设计、施工、监理、材料设备采购等从业资质的情况，对所有投标商核发的。这种投标许可证，是一种对承包商投标资质进行确认的管理措施。承包商在实际参加投标时，只要持有这种投标许可证即不需要再提交有关勘察、设计、施工、监理、材料设备采购等从业资质证件，这对投标商和招标投标管理者来说都比较方便。

（一）工程勘察设计单位的投标资质

我国对工程勘察设计单位实行资质管理开始于 20 世纪 80 年代初期，先后经历三次较大调整，已与国际通行做法相衔接。现行的建设工程勘察设计资质，分为工程勘察资质、工程设计资质。工程勘察资质分为工程勘察综合资质、工程勘察专业资质、工程勘察劳务资质。工程设计资质分为工程设计综合资质、工程设计行业资质、工程设计专项资质。工程勘察综合资质、工程设计综合资质都只设甲级；工程勘察专业资质、工程设计行业资质、工程设计专项资质，根据工程性质和技术特点设立类别和级别（一般只设甲级、乙级，有的还设丙级、丁级）；工程勘察劳务资质不分级别。建设工程勘察、设计资质标准和各资质类别、级别企业承担工程的范围由国务院建设行政主管部门会同国务院有关部门制定。

申请工程勘察设计资质证书的单位，必须具备下列条件：

①是依法成立的企业法人，有明确的单位名称、固定的营业场所和相应的组织机构和企业章程；

②有符合国家规定的注册资本；

③有与其从事的勘察设计活动相适应的具有法定执业资格的专业技术人员；

④有从事相关勘察设计活动所应有的技术装备；

⑤具备从事勘察设计活动所应具有的其他法定条件和与所申请的资质等级相符的其他

资质条件。

建设工程勘察、设计资质的申请由国务院建设行政主管部门定期受理。企业申请工程勘察甲级资质、建筑工程设计甲级资质及其他工程设计甲、乙级资质，应当向企业工商注册所在地的省、自治区、直辖市人民政府建设行政主管部门提出申请。其中，中央管理的企业直接向国务院建设行政主管部门提出申请，其所属企业由中央管理的企业向国务院建设行政主管部门提出申请，同时向企业工商注册所在地省、自治区、直辖市人民政府建设行政主管部门备案。企业申请工程勘察乙级资质、工程勘察劳务资质、建筑工程设计乙级资质和其他建设工程勘察、设计丙级和丙级以下资质，向企业工商注册所在地县级以上地方人民政府建设行政主管部门提出申请。新设立的建设工程勘察、设计企业，到工商行政管理部门登记注册后，方可向建设行政主管部门提出资质申请。工程勘察甲级、建筑工程设计甲级资质及其他工程设计甲、乙级资质由国务院建设行政主管部门审批。申请工程勘察甲级、建筑工程设计甲级资质及其他工程设计甲、乙级资质的，应当经省、自治区、直辖市人民政府建设行政主管部门审核。审核部门应当对建设工程勘察、设计企业的资质条件和企业申请资质所提供的资料进行核实。申请铁道、交通、水利、信息产业、民航等行业的工程设计甲、乙级资质，由国务院有关部门初审。申请工程勘察甲级、建筑工程设计甲级资质及其他工程设计甲、乙级资质，由国务院建设行政主管部门委托有关行业组织或者专家委员会初审。申请工程勘察乙级资质、工程勘察劳务资质、建筑工程设计乙级资质和其他建设工程勘察、设计丙级和丙级以下资质，由企业工商注册所在地省、自治区、直辖市人民政府建设行政主管部门审批。审批结果应当报国务院建设行政主管部门备案。具体审批程序由省、自治区、直辖市人民政府建设行政主管部门规定。新设立的建设工程勘察、设计企业，其资质等级最高不超过乙级，并设 2 年的暂定期。企业在资质暂定有效期满前 2 个月内，可以申请转为正式资质等级，申请时应当提供企业近 2 年的资质年检合格证明材料。由于企业改制，或者企业分立、合并后组建的建设工程勘察、设计企业，其资质等级根据实际达到的资质条件按照上述规定的审批程序核定申请，建设工程勘察、设计资质经审查合格的，发给相应的资质证书。建设工程勘察、设计资质证书分为正本和副本，由国务院建设行政主管部门统一印制，正、副本具有同等法律效力。

工程勘察设计单位参加建设工程勘察设计招标投标活动，必须持有相应的勘察设计资质证书，并在其资质证书许可的范围内进行。禁止建设工程勘察、设计单位超越其资质等级许可的范围或者以其他建设工程勘察、设计单位的名义承揽建设工程勘察、设计业务。禁止建设工程勘察、设计单位允许其他单位或者个人以本单位的名义承揽建设工程勘察、设计业务。取得工程勘察综合资质的企业，承接工程勘察业务范围不受限制；取得工程勘察专业资质的企业，可以承接同级别相应专业的工程勘察业务；取得工程勘察劳务资质的企业，可以承接岩土工程治理、工程钻探、凿井工程勘察劳务工作；取得工程设计综合资质的企业，其承接工程设计业务范围不受限制；取得工程设计行业资质的企业，可以承接同级别相应行业的工程设计业务；取得工程设计专项资质的企业，可以承接同级别相应的专项工程设计业务。取得工程设计行业资质的企业，可以承接本行业范围内同级别的相应专项工程设计业务，无须再单独领取工程设计专项资质。

国家对从事建设工程勘察、设计活动的专业技术人员，实行执业资格注册管理制度。按我国勘察设计行业执业资格框架，注册人员分为三大类，即注册建筑师、注册工程师、注册景观设计师。

未经注册的建设工程勘察、设计人员，不得以注册执业人员的名义从事建设工程勘察、设计活动。建设工程勘察、设计注册执业人员和其他专业技术人员只能受聘于一个建设工程勘察、设计单位；未受聘于建设工程勘察、设计单位的，不得从事建设工程的勘察、设计活动。建设工程勘察、设计执业人员注册证书由国务院建设行政主管部门统一制作。工程勘察设计单位的专业技术人员参加建设工程勘察设计招标投标活动，应持有相应的执业资格证书，并在其执业资格证书许可的范围内进行。

（二）施工企业和注册建造师（项目经理）的投标资质

施工企业又称为建筑业企业，是指从事土木建筑工程，线路、管道及设备安装工程，装修装饰工程等新建、扩建、改建活动的企业。我国对施工企业实行资质管理起步于20世纪80年代，后经三次大的调整和完善，与国际通行做法基本相适应。建筑业企业按照其拥有的注册资本、净资产、专业技术人员、技术装备和业绩等资质条件，分为施工总承包、专业承包、劳务分包三个序列，各序列按照工程性质和技术特点分别划分为若干资质类别，各资质类别按照规定的条件划分为若干等级。按照国家有关建筑业企业资质等级标准的规定，施工总承包企业资质分为房屋建筑工程、公路工程、铁路工程、港口与航道工程、水利水电工程、电力工程、矿山工程、冶炼工程、化工石油工程、市政公用工程、通信工程、机电安装工程共12个资质类别，设特级、一级、二级、三级共4个等级。专业承包企业资质分为地基与基础工程、土石方工程、建筑装修装饰工程、建筑幕墙工程、预拌商品混凝土、混凝土预制构件、园林古建筑工程、钢结构工程、高耸构筑物工程、电梯安装工程、消防设施工程、建筑防水工程、防腐保温工程、附着升降脚手架工程、金属门窗工程、预应力工程、起重设备安装工程、机电设备安装工程、爆破与拆除工程、建筑智能化工程、环保工程、电信工程、电子工程、桥梁工程、隧道工程、公路路面工程、公路路基工程、公路交通工程、铁路电务工程、铁路铺轨架梁工程、铁路电气化工程、机场场道工程、机场空管工程及航站楼弱电系统工程、机场目视助航工程、港口与海岸工程、港口装卸设备安装工程、航道工程、通航建筑工程、通航设备安装工程、水上交通管制工程、水工建筑物基础处理工程、水工金属结构制作与安装工程、水利水电机电设备安装工程、河湖整治工程、堤防工程、水工大坝工程、水工隧洞工程、火电设备安装工程、送变电工程、核工程、炉窑工程、冶炼机电设备安装工程、化工石油设备管道安装工程、管道工程、无损检测工程、海洋石油工程、城市轨道交通工程、城市及道路照明工程、体育场地设施工程、特种专业工程共 60 个资质类别，设 2~3 个等级。建筑业劳务分包企业资质分为木工作业、砌筑作业、抹灰作业、石制作业、油漆作业、钢筋作业、混凝土作业、脚手架搭设作业、模板作业、焊接作业、水暖电安装作业、钣金作业、架线工程作业共 13 个资质类别，设 1~2 个等级。

建筑业企业应当向企业注册所在地县级以上地方人民政府建设行政主管部门申请资质。中央管理的企业直接向国务院建设行政主管部门申请资质，其所属企业申请施工总承包特级、一级和专业承包一级资质的，由中央管理的企业向国务院建设行政主管部门申请，同时，向企业注册所在地省级建设行政主管部门备案。施工总承包序列特级和一级企业、专业承包序列一级企业（不含中央管理的企业和其所属的需要申请施工总承包特级、一级和专业承包一级资质的企业）资质经省级建设行政主管部门审核同意后，由国务院建设行政主管部门审批；其中铁道、交通、水利、信息产业、民航等方面的建筑业企业资质，由省级建设行政主管部门会同有关部门审核同意后，报国务院建设行政主管部门，经国务院有关部门初审同意后，由国务院建设行政主管部门审批。审核部门应当对建筑业企业的资质条件和申请资质提供的资料审查核实。施工总承包序列和专业承包序列二级及二级以下企业资质，由企业注册所在地省、自治区、直辖市人民政府建设行政主管部门审批；其中交通、水利、通信等方面的建筑业企业资质，由省、自治区、直辖市人民政府建设行政主管部门征得同级有关部门初审同意后审批。劳务分包序列企业资质由企业所在地省、自治区、直辖市人民政府建设行政主管部门审批。申请施工总承包资质的建筑业企业应当在总承包序列内选择一类资质作为本企业的主项资质，并可以在总承包序列内再申请其他类不高于企业主项资质级别的资质，也可以申请不高于企业主项资质级别的专业承包资质。施工总承包企业承担总承包项目范围内的专业工程可以不再申请相应专业承包资质。专业承包企业、劳务分包企业可以在本资质序列内申请类别相近的资质。新设立的建筑业企业，到工商行政管理部门办理登记注册手续并取得企业法人营业执照后，方可到建设行政主管部门办理资质申请手续，其资质等级按照最低等级核定，并设 1 年的暂定期。由于企业改制，或者企业分立、合并后组建设立的建筑业企业，其资质等级根据实际达到的资质条件核定，对建筑业企业的资质申请，经审查合格的，由建设行政主管部门颁发相应资质等级的建筑业企业资质证书。建筑业企业资质证书由国务院建设行政主管部门统一印制，分为正本（1本）和副本（若干本），具有同等法律效力。任何单位和个人不得涂改、伪造、出借、转让或出卖资质证书，复印的资质证书无效。

施工企业参加建设工程招标投标活动，应当在其资质等级证书所许可的范围内进行。获得施工总承包资质的企业，可以对工程实行施工总承包或者对主体工程实行施工承包。承担施工总承包的企业可以对所承接的工程全部自行施工，也可以将非主体工程或者劳务作业分包给具有相应专业承包资质或者劳务分包资质的其他建筑业企业。获得专业承包资质的企业，可以承接施工总承包企业分包的专业工程或者建设单位按照规定发包的专业工程。专业承包企业可以对所承接的工程全部自行施工，也可以将劳务作业分包给具有相应劳务分包资质的劳务分包企业。获得劳务分包资质的企业，可以承接施工总承包企业或者专业承包企业分包的劳务作业。施工企业的专业技术人员参加建设工程施工招标投标活动，应持有相应的执业资格证书，并在其执业资格证书许可的范围内进行。

项目经理是一种岗位职务，是指受企业法定代表人委托对工程项目全过程全面负责的项目管理者，是企业法定代表人在工程项目上的代表人。在建设工程招标投标中，实行项目经理资质认证制度，即要求企业在投标承包工程时，应同时报出承担工程项目管理的项目经理的资质概况，接受招标人的审查和招标投标管理机构的监督。没有与工程规模相适应的项目经理资质证书的，不得参与投标和承接工程任务。

项目经理资质分为一、二、三、四级。一级项目经理资质证书，由国家建设部核发。二级和二级以下项目经理资质证书，企业属于地方的，由地方建设行政主管部门核发；直属国务院有关部门的，由有关部门核发。

各级项目经理承担工程建设项目管理的范围是：一级项目经理可承担一级和一级以下资质建筑施工企业营业范围内的工程项目管理；二级项目经理可承担二级和二级以下资质建筑施工企业营业范围内的工程项目管理；三级项目经理可承担三级和三级以下资质建筑施工企业营业范围内的工程项目管理；四级项目经理承担四级资质建筑施工企业营业范围内的工程项目管理。建筑施工企业营业范围，依照国家建设部颁布的《建筑业企业资质等级标准》的有关规定执行。

一个项目经理原则上只能承担一个与其资质等级相适应的工程项目的管理工作，不得同时兼管多个工程。但在特殊情况下，可允许一级、二级项目经理同时承担两个工程项目的管理工作。在中标工程的实施过程中，因特殊原因需要更换项目经理的，企业应提出有与工程规模相适应的资质等级证书的项目经理人选，征得建设单位的同意后方可更换，并报原招标投标管理机构备案。

建造师分为一级建造师（Constructor）和二级建造师（Associate Constructor）。一级建造师执业资格实行全国统一大纲、统一命题、统一组织的考试制度，由建设部、人事部共同组织实施。参加一级建造师执业资格考试合格，颁发《中华人民共和国一级建造师执业资格证书》，在全国范围内有效。国家在实施一级建造师执业资格考试之前，对长期在建设工程项目总承包及施工管理岗位上工作，具有较高理论水平与丰富实践经验，并受聘为高级专业技术职务的人员，可通过考核认定办法取得建造师执业资格证书。二级建造师执业资格实行全国统一大纲，各省、自治区、直辖市命题并组织考试的制度。参加二级建造师执业资格考试合格的，颁发《中华人民共和国二级建造师执业资格证书》，在所在省、自治区、直辖市行政区域内有效。

取得建造师执业资格证书的人员，必须经过注册登记，方可以建造师的名义执业。国家建设部或其授权的机构为一级建造师执业资格的注册管理机构。省、自治区、直辖市建设行政主管部门或其授权的机构为二级建筑师执业资格的注册管理机构。一级建造师执业资格注册，由本人提出申请，经各省、自治区、直辖市建设行政主管部门或其授权的机构初审合格后，报国家建设部或其授权的机构注册。准予注册的申请人，由国家建设部或其授权的注册管理机构颁发《中华人民共和国一级建造师注册证》。二级建造师执业资格的注册办法，由省、自治区、直辖市建设行政主管部门制定，颁发《中华人民共和国二级建造师注册证》，报建设部或其授权的注册管理机构备案，在各省、自治区、直辖市可以使用。建造师执业资格注册有效期一般为 3 年。在有效期期满前 3 个月，持证者应到原注册管理机构办理再次注册手续。在注册有效期内，变更执业单位者，应当及时办理变更手续。

建造师经执业注册后，有权以建造师的名义，担任建设工程项目施工的项目经理，从事有关施工活动的管理工作。特级建造师可以担任特级、一级建筑业企业资质的建设工程项目施工的项目经理；一级建造师可以担任一级及一级以下建筑业企业资质的建设工程项目施工的项目经理；二级建造师可以担任二级及二级以下建筑业企业资质的建设工程项目施工的项目经理。

（三）工程监理单位的投标资质

工程监理单位，包括具有企业法人资格的监理公司、监理事务所和兼承监理业务的工程设计、科研和工程建设咨询的单位。监理单位的资质按照企业拥有的注册资本、专业技术人员和工程监理业绩等条件分为甲级、乙级和丙级 3 个等级，并按照工程性质和技术特点划分为 14 个工程类别：

工程监理企业甲级资质等级标准是：①企业负责人和技术负责人应当具有 15 年以上从事工程建设工作的经历，企业技术负责人应当取得监理工程师注册证书；②取得监理工程师注册证书的人员不少于 25 人；③注册资本不少于 100 万元；④近三年内监理过 5 个以上二等房屋建筑工程项目或者 3 个以上二等专业工程项目。

工程监理企业乙级资质等级标准是：①企业负责人和技术负责人应当具有 10 年以上从事工程建设工作的经历，企业技术负责人应当取得监理工程师注册证书；②取得监理工程师注册证书的人员不少于 15 人；③注册资本不少于 50 万元；④近三年内监理过 5 个以上三等房屋建筑工程项目或者 3 个以上三等专业工程项目。

工程监理企业丙级资质等级标准是：①企业负责人和技术负责人应当具有 8 年以上从事工程建设工作的经历，企业技术负责人应当取得监理工程师注册证书；②取得监理工程师注册证书的人员不少于 5 人；③注册资本不少于 10 万元；④承担过 2 个以上房屋建筑工程项目或者 1 个以上专业工程项目。

工程监理企业应当向企业注册所在地的县级以上地方人民政府建设行政主管部门申请资质，中央管理的企业直接向国务院建设行政主管部门申请资质，其所属的工程监理企业申请甲级资质的，由中央管理的企业向国务院建设行政主管部门申请，同时向企业注册所在地省、自治区、直辖市建设行政主管部门报告。工程监理企业可以申请一项或者多项工程类别资质。申请多项资质的工程监理企业，应当选择一项为主项资质，其余为增项资质，工程监理企业的增项资质级别不得高于主项资质级别。工程监理企业申请多项工程类别资质的，其注册资金应达到主项资质标准，从事过其增项专业工程监理业务的注册监理工程师人数应当符合国务院有关专业部门的要求。工程监理企业的增项资质可以与其主项资质同时申请，也可以在每年资质审批期间独立申请。甲级工程监理企业资质，经省、自治区、直辖市人民政府建设行政主管部门审核同意后，由国务院建设行政主管部门组织专家评审，并提出初审意见；其中涉及铁道、交通、水利、信息产业、民航工程等方面工程监理企业资质的，由省、自治区、直辖市人民政府建设行政主管部门会同有关专业部门审核同意后，报国务院建设行政主管部门，由国务院建设行政主管部门送国务院有关部门初审；国务院建设行政主管部门根据初审意见审批。乙、丙级工程监理企业资质，由企业注册所在地省、自治区、直辖市人民政府建设行政主管部门审批；其中交通、水利、通信等方面的工程监理企业资质，由省、自治区、直辖市人民政府建设行政主管部门征得同级有关部门初审同意后审批。新设立的工程监理企业，到工商行政管理部门登记注册并取得企业法人营业执照后，方可到建设行政主管部门办理资质申请手续，其资质等级按照最低等级核定，并设 1 年的暂定期。由于企业改制，或者企业分立、合并后组建设立的工程监理企业，其资质等级根据实际达到的资质条件核定。申请资质经审查合格的，发给相应的工程监理企业资质证书。工程监理企业资质证书分为正本和副本，资质审批部门应当在资质证书副本中注明工程类别范围和资质等级。工程监理企业资质证书由国务院建设行政主管部门统一印制，正、副本具有同等法律效力。

工程监理单位参加建设工程监理招标投标活动，必须持有相应的建设监理资质证书，并在其资质证书许可的范围内进行。甲级工程监理企业可以投标承接工程类别中一、二、三等工程的监理业务；乙级工程监理企业可以投标承接工程类别中二、三等工程的监理业务；丙级工程监理企业可以投标承接工程类别中三等工程的监理业务。工程监理企业还可以根据市场需求，开展家庭居室监理业务。工程监理单位的专业技术人员参加建设工程监理招标投标活动，应持有相应的执业资格证书，并在其执业资格证书许可的范围内进行。

（四）建设工程材料设备供应商的投标资质

建设工程材料设备供应商，包括向采购人（招标人）提供建设工程材料设备的法人、其他组织或自然人，如材料设备生产、制造厂家，材料设备公司，设备成套承包公司等。我国对建设工程材料设备供应单位实行资质管理的，主要是混凝土预制构件生产企业、商品混凝土生产企业和机电设备成套供应单位。为适应加入 WTO 形势的需要，目前我国对混凝土预制构件生产企业和商品混凝土生产企业的资质管理，已纳入建筑业企业中专业承包企业序列资质进行统一管理；对符合条件具有机电设备成套供应单位资质的企业也可以赋予设备招标代理机构的资质。

混凝土预制构件专业企业的资质，分为二、三级。二级企业可生产各类混凝土预制构件。三级企业除不准生产预应力吊车梁、桥梁、屋面梁、屋架和预应力混凝土管以外，可生产其他各类混凝土预制构件。

预拌商品混凝土专业企业的资质，分为二、三级。二级企业可生产各种强度等级的混凝土和特种混凝土。三级企业可生产强度等级在 C60 以下的混凝土。二、三级企业均可兼营市政工程的方砖、道牙、隔离散、地面砖、花饰等小型预制构件。

混凝土预制构件生产企业和商品混凝土生产企业参加建设工程材料设备招标投标活动，必须持有相应的建筑业企业资质证书，并在其资质证书许可的范围内进行。混凝土预制构件生产企业、商品混凝土生产企业的专业技术人员参加建设工程材料设备招标投标活动，应持有相应的执业资格证书，并在其执业资格证书许可的范围内进行。

机电设备成套供应单位的资质等级，分为甲、乙、丙三个等级。甲级资质参加建设工程材料设备投标，承接材料设备采购、供应业务的范围是：国家计划内大中型基本建设项目和国家限额以上技术改造项目的，省、自治区、直辖市重点基本建设项目和技术改造项目的，涉外建设项目以及其他各类基建、技改项目的材料设备采购、供应业务。乙级资质参加建设工程材料设备投标，承接材料设备采购、供应业务的范围是：本地区或本行业内国家计划内基本建设和技改项目的，省、自治区、直辖市计划内基本建设项目和技术改造项目的，小型涉外项目的，其他各类设备总金额在 1000 万元以上项目的材料设备采购、供应业务。丙级资质参加建设工程材料设备投标，承接材料设备采购供应业务的范围是：本地区计划内小型基本建设和技术改造项目的，以及县级计划内基本建设和技术改造项目的材料设备采购、供应业务。

机电设备成套供应单位参加建设工程材料设备招标投标活动，必须持有相应的资质证书，并在其资质证书许可的范围内进行。机电设备成套供应单位的专业技术人员参加建设工程材料设备招标投标活动，应持有相应的执业资格证书，并在其执业资格证书许可的范围内进行。

供应商参加建设工程材料设备采购招标投标活动，实行资质管理的，应具有相应的资质；未实行资质管理的，应具有相应的供应条件或供应能力。不具备供应条件或供应能力的，不能参加建设工程材料设备采购的招标投标活动，采购人（招标人）有权对供应商进行资格审查。

实践中，对建设工程材料设备供应商参加招标投标活动的资格条件，通常分为一般条件和特别条件。一般条件是指供应商参加建设工程材料设备采购招标投标活动所应普遍具备的条件，主要包括：①具有独立承担民事责任的能力（如有独立的财务处理权等）；②具有良好的商业信誉和健全的财务会计制度；③具有履行合同所必需的设备和专业技术能力（如有完成采购项目所需的资金来源或获得这种资金的能力，有必要的组织、验收能力，有生产控制程序、财产控制、质量保证、安全措施等业务控制技术或获得它们的能力等）；④有依法缴纳税收和社会保障资金的良好记录；⑤参加采购招标投标活动前3年内，在经营活动中没有重大违法记录；⑥法律、法规规定的其他条件。特别条件是指采购人根据建设工程材料设备采购招标项目的特殊要求而规定供应商所应具备的条件，如在专业技术复杂的行业，采购人可以要求供应商具备某些行业性、专业性特殊要求等，但是，采购人在设定特别条件时不得以不合理的条件对供应商实行差别待遇或歧视待遇，如采购人不能设置地域或部门限制；不能超过采购项目自身要求，故意抬高采购招标项目的技术指标，从而排斥或限制某些供应商。

四、建设工程投标人的权利和义务

（一）建设工程投标人的权利

建设工程投标人在建设工程招标投标活动中，享有下列权利：

1. 有权平等地获得利用招标信息

招标信息是投标决策的基础和前提。投标人不掌握招标信息，就不可能参加投标。投标人掌握的招标信息是否真实、准确、及时、完整，对投标工作具有非常重要的影响。投标人对招标信息主要通过招标人发布的招标公告获悉，也可以通过政府主管机构公布的工程报建登记获悉。保证投标人平等地获取招标信息，是招标人和政府主管机构的义务。

2. 有权按照招标文件的要求自主投标或组成联合体投标

为了更好地把握投标竞争机会，提高中标率，投标人可以根据招标文件的要求和自身的实力，自主决定是独自参加投标竞争还是与其他投标人组成一个联合体，以一个投标人的身份共同投标。投标人组成投标联合体是一种联营方式，与串通投标是两个性质完全不同的概念。组成联合体投标，联合体各方均应当具备承担招标项目的相应能力和相应资质条件，并按照共同投标协议的约定，就中标项目向招标人承担连带责任。

3. 有权委托代理人进行投标

专门从事建设工程中介服务活动（包括投标代理业务）的机构，通常具有社会活动广、技术力量强、工程信息灵等优势。投标人委托他们代替自己进行投标活动，常常会取得意想不到的效果，获得更多的中标机会。

4. 有权要求招标人或招标代理人对招标文件中的有关问题进行答疑

投标人参加投标，必须编制投标文件，而编制投标文件的基本依据，就是招标文件正确理解招标文件，是正确编制投标文件的前提。对招标文件中不清楚的问题，投标人有权要求予以澄清，以利于准确领会、把握招标意图。对招标文件进行解释、答疑，既是招标人的权利，也是招标人的义务。

5. 有权根据自己的经营情况和掌握的市场信息确定自己的投标报价

投标人参加投标，是一场重要的市场竞争。投标竞争是投标人自主经营、自负盈亏、自我发展的强大动力。因此，招标投标活动，必须按照市场经济的规律办事。对投标人的投标报价，由投标人依法自主确定，任何单位和个人不得非法干预。投标人根据自身经营状况、利润方针和市场行情，科学合理地确定投标报价，是整个投标活动中最关键的一环。

6. 有权根据自己的经营情况参与投标竞争或放弃参与竞争

在市场经济条件下，投标人参加投标竞争的机会应当是均等的。参加投标是投标人的权利，放弃投标也是投标人的权利。对投标人来说，参加不参加投标、是不是参加到底，完全是自愿的。任何单位或个人不能强制、胁迫投标人参加投标，更不能强迫或变相强迫投标人"陪标"，也不能阻止投标人中途放弃投标。

7. 有权要求优质优价

价格（包括取费、酬金等）问题，是招标投标中的一个核心问题。为了保证工程安全和质量，必须防止和克服只为争得项目中标而不切实际的盲目降级压价现象，实行优质优价，避免投标人之间的恶性竞争，允许优质优价，有利于真正信誉好、实力强的投标人多中标、中好标。

8. 有权控告、检举招标过程中的违法、违规行为

招标人和其他利害关系人认为招标投标活动不合法的，有权向招标人提出异议或者依法向有关行政监督部门投诉。招标的生命在于公开、公正、平等竞争，招标过程中的任何违法、违规行为，都会背离这一根本原则和宗旨，损害其他投标人的切身利益。赋予投标人控告、检举、投诉权，有利于监督招标人的行为，防止和避免招标过程中的违法、违规现象，更好地实现招标投标制度的宗旨。

(二) 建设工程投标人的义务

建设工程投标人在建设工程招标投标活动中，负有下列义务：

1. 遵守法律、法规、规章和方针、政策

建设工程投标人的投标活动必须依法进行，违法或违规、违章的行为，不仅不受法律保护，还要承担相应的责任。遵纪守法是建设工程投标人的首要义务。比如，法律赋予投标人有自主决定是否参加投标竞争的权利，同时也规定了投标人不得串通投标，不得以行贿手段谋取中标，不得以低于成本的报价竞标，也不得以他人名义投标或以其他方式弄虚作假，骗取中标。投标人必须对自己的行为负责，不能妨碍招标人依法组织的招标活动，侵犯招标人和其他投标人的合法权益，扰乱正常的招标投标秩序。

2. 接受招标投标管理机构的监督管理

为了保证建设工程招标投标活动公开、公正、平等竞争，建设工程招标投标活动必须在招标投标管理机构的监督管理下进行。接受招标投标管理机构的监督管理，是建设工程投标人必须履行的义务。

3. 保证所提供的投标文件的真实性，提供投标保证金或其他形式的担保

投标文件是投标人投标意图、条件和方案的集中体现，是投标人对招标文件进行回应的主要方式，也是招标人评价投标人的主要依据。因此，投标人提供的投标文件必须真实、可靠，并对此予以保证。让投标人提供投标保证金或其他形式的担保，目的在于使投标人的保证落到实处，使投标活动保持应有的严肃性，促使投标人审慎从事，提高投标的

责任心，建立和维护招标投标活动的正常秩序。

4. 按招标人或招标代理人的要求对投标文件的有关问题进行答疑

投标文件是以招标文件为主要依据编制的。正确理解投标文件，是准确判断投标文件是否实质性响应招标文件的前提。对投标文件中不清楚的问题，招标人或招标代理人有权要求投标人予以澄清。投标人对投标文件进行解释、答疑，也是进一步推销自己、维护自身投标权益的一个重要方面。

5. 中标后与招标人签订合同并履行合同，不得转包合同，非经招标人同意不得分包合同

投标人参加投标竞争，中标以后与招标人签订合同，并实际履行合同约定的全部义务，是实行招标投标制度的意义所在。中标的投标人必须亲自履行合同，不得将其中标的工程任务倒手转给他人承包。投标人根据招标文件载明的项目实际情况，拟在中标后将中标项目的部分非主体、非关键性工作进行分包的，应当在投标文件中载明。在总承包的情况下，除了总承包合同中约定的分包外，未经招标人许可不得再进行分包。

6. 履行依法约定的其他各项义务

在建设工程招标投标过程中，投标人与招标人、代理人等可以在合法的前提下，经过互相协商，约定一定的义务。比如，投标人委托投标代理人进行投标时，就有下列义务：①投标人对于投标代理人在委托授权的范围内所办理的投标事务的后果直接接受并承担民事责任。对于投标代理人办理受托事务超出委托权限的行为，投标人不承担民事责任；但投标人知道而又不否认或者予以同意的，则投标人仍应承担民事责任。②投标人应向投标代理人提供投标所需的有关资料，提供或者补偿为办理受托事务所必需的费用。③投标人应向投标代理人支付委托费或报酬。支付委托费或报酬的标准和期限，依法律规定或合同的约定。如合同无特别约定，应在事务办理完结后支付。如非因投标代理人的原因致使受托事务无法继续办理时，投标人应就事务已完成的部分，向投标代理人支付相应的委托费或报酬。④投标人应向投标代理人赔偿投标代理人在执行受托任务中非因自己过错所造成的损失。投标人应对自己的委托负责，如因指示不当或其他过错致使投标代理人受损失的，应予赔偿。投标代理人在执行受托事务中非因自己过错发生的损失，因系为投标人办理事务所造成的，亦应由投标人赔偿。这些依法约定的义务，是投标人必须履行的，不履行就要承担相应的违约责任。

第二节　投标准备

一、投标工作机构

在招标投标活动中，投标人参加投标就面临一场竞争，不仅比报价的高低、技术方案的优劣，而且比管理、经验、实力和信誉。实践证明，建立一个强有力的、内行的投标班子是投标获得成功的根本保证。

作为投标人的承包者应设专门的工作机构和人员对投标的全部活动过程加以组织和管理，平时掌握市场动态信息，积累有关资料；遇有招标项目，则办理参加投标手续，研究投标策略，编制投标文件，争取中标。投标人的投标班子应该由经营管理类人才、技术专业类人才、商务金融类人才和合同管理类人才等组成。如果是国际项目（包含境内涉外项目）投标，还应配备懂得专业和合同管理的外语翻译人员。

为了保守单位对外投标的秘密，投标工作机构人员不宜过多，尤其是最后决策的核心人员，更应严格限制。

二、投标信息调研

投标信息的调研就是承包者对市场进行详细的调查研究，广泛收集项目信息并进行认真分析，从而选择适合本单位投标的项目。

（一）项目跟踪

承包者要想参与国际国内的投标竞争，须注意有关招标信息的收集和分析。

项目是投标的基础和前提条件，尽早掌握项目招标信息，使承包者有充分的准备时间，可以为投标工作赢得主动创造有利条件。一个成功的承包者应该拥有广泛的项目信息来源。能否获得足够的项目信息，能否选择出风险可控、能力可及、效益可靠的项目，使本单位的业务得到发展和成功，一个重要的先决条件就是看是否真正重视信息收集和分析工作。

任何一项招标总会通过一定渠道发布其招标信息，有关招标信息的来源与渠道一般为：国际上每天公之于众的招标采购公告，大都发表在影响较广的报刊上，可及时收集；国际和国内较大的工程咨询与信息部门，专门提供有关工程招标信息；国内外招标投标网站和各地的有形建筑市场都辟有专门的招标信息服务窗口。另外，还可以发挥公共关系的作用或实地考察，通过与不同类型的各种人物的交往，拓展和巩固项目信息渠道。

（二）信息调研的主要内容

信息调研主要是就项目及项目所在地的政治、经济、法制、社会和自然条件等各种客观因素对投标和中标后履行合同的影响进行调查研究和筛选，其目的是初步确定可能投标的项目，并对这些项目进行紧密跟踪，开展一些有利于投标的调查研究。调研的重点内容包括：

1. 经济环境

当地的经济发展计划及实行状况、项目投资性质（属于私营还是政府项目）、对工程价款的支付是否顺利等；当地的建设行业情况，可否在当地寻找合作伙伴或分包商等；当地的交通运输、燃料动力及物资供应等基本情况。

2. 社会情况

当地的民情风俗习惯、宗教信仰、治安情况等。

3. 政治和法律方面的情况

投标人首先应当了解在招标投标活动中，以及在合同履行过程中有可能涉及的法律，也应当了解与项目有关的政治形势、国家政策等，即国家对该项目采取的是鼓励政策还是限制政策。

4. 自然条件

自然条件包括工程所在地的地理位置和地形、地貌，气象状况（包括气温、湿度、主导风向、年降水量等，洪水、台风及其他自然灾害状况等）。

5. 市场情况

投标人调查市场情况是一项非常艰巨的工作，其内容也非常多，主要包括建筑材料、施工机械设备、燃料、动力、水和生活用品的供应情况、价格水平，还包括过去几年在批发物价和零售物价指数以及今后的变化趋势和预测，劳务市场情况如工人技术水平、工资水平、有关劳动保护和福利待遇的规定等，金融市场情况如银行贷款的难易程度以及银行贷款利率等。对材料设备的市场情况尤须详细了解，包括原材料和设备的来源方式，购买的成本，来源国或厂家供货情况；材料、设备购买时的运输、税收、保险等方面的规定、手续、费用；施工设备的租赁、维修费用；使用投标人本地原材料、设备的可能性以及成本比较。

6. 工程项目方面的情况

工程项目方面的情况包括工作性质、规模、发包范围；工程的技术规模和对材料性能及工人技术水平的要求；总工期及分批竣工交付使用的要求；施工场地的地形、地质、地下水位、交通运输、给排水、供电、通信条件等情况；工程项目资金来源；对购买器材和雇用工人有无限制条件；工程价款的支付方式、外汇所占比例；监理工程师的资历、职业道德和工作作风等。

7. 招标人（业主）情况

招标人（业主）情况主要包括业主的资信情况、履约态度、支付能力，在其他项目上有无拖欠工程款的情况、对实施的工程需求的迫切程度等。

8. 投标人内部情况

投标人对自己内部情况、资料也应当进行归纳整理。这类资料主要用于招标人要求的资格审查和本企业履行项目的可能性。

9. 竞争对手资料

掌握竞争对手的情况，是投标策略中的一个重要环节，也是投标人参加投标能否获胜的重要因素。投标人在制定投标策略时必须考虑到竞争对手的情况。

三、投保资料准备

国际上的大型工程承包公司，经常在几天之内便可报出高质量的资格预审资料，他们利用先进的电子计算机进行管理，平时就积累和存储了公司的资料及业绩证件等，一旦投标资格预审需要，只须稍加整理、打印，按招标人要求填报表格或作为附录提供，即可交出所需资料。

要做到在较短时间内报出高质量的投标资料，特别是资格预审资料，平时要做好本单位在财务、人员、设备、经验、业绩等各方面原始资料的积累与整理工作，分门别类地存在计算机中，并不断充实、更新，这也反映出单位信息管理的水平。参与投标经常用到的资料包括：

①营业执照；

②资质证书；

③单位主要成员名单及简历；

④法定代表人身份证明；

⑤委托代理人授权书；

⑥项目负责人的委任证书；

⑦主要技术人员的资格证书及简历；

⑧主要设备、仪器明细情况；

⑨质量保证体系情况；

⑩合作伙伴的资料；

⑪单位简历、经验与业绩及正在实施项目的名录、证明资料；

⑫经审计的财务报表。

四、办理投标担保

（一）招标投标中担保的形式

担保是现代经济贸易中的一种重要的信用保证形式，是国际上公认的正常保障措施。在招标投标中，招标人通常要求投标人提供可靠的担保，以避免因投标人违约而使招标人遭受损失。

我国《担保法》规定的担保方式有五种：保证、抵押、质押、留置和定金。在招标投标活动中采用的担保方式是保证，这是项目风险管理长期实践的结果。保证担保的形式很多，其中常见的有两种：银行保函和担保书。

1. 银行保函

在招标投标中，银行保函又有多种形式，其中主要有投标保函、履约保函、预付款保函、维修保函等。这些保函中，投标保函须在投标人投标时向招标人递交，其他保函则由中标人向招标人递交。开具保函的银行应当是双方认可的具有出具这类保函的银行。这是招标投标活动中使用最广泛的担保形式。

2. 保险公司（或担保公司）的担保书

担保书与银行保函的条件基本相同，但其承保金额应在有关部门对该保险公司规定的限额内。

（二）银行保函及其作用

银行保函是银行受申请人的请求，向受益人开具的用来担保申请人正常履行合同义务的独立的书面保证文件。它是一种备用性的银行信用，如果保函申请人正常履行其义务，银行就无须向受益方履行经济赔偿责任；如果保函申请人未能履行某项义务，银行则承担向受益人进行经济赔偿的责任。由此可见，银行保函实际上就是一种保证金，是一种以银行的承诺文件形式出现的抵押金：保函申请人（投标人）向受益人（招标人）递交银行保函，实质上就是交给受益人一笔在特定条件下可向银行兑换为货币的备用抵押金。这种担保形式可以对受益人起到可靠的保障作用。

(三) 投标保函的担保责任和内容

投标人在向招标人递交投标文件时，应同时提交由银行开立的投标保函或投标保证金。一般情况下，提交投标担保的形式（即提交投标保函或提交投标保证金），可由投标人选择。没有随投标文件提交投标保函或投标保证金的，该标书将不被接受。在大多数情况下，投标人都是委托银行开具投标保函做担保。投标保函的主要担保责任：

①投标人在投标有效期内不得撤回投标文件以及投标保函本身；

②投标人被通知中标后必须按通知书规定的时间前往招标人处签约；

③在签约后的一定时间内，中标人必须提供履约保证。

如果投标人违反上述任何一条规定，受益人（招标人）就有权没收投标保函，并向银行索赔其担保金额。如果投标人没有违背上述规定，或者没有中标，招标人就应及时将投标保函退给投标人，并相应解除银行的担保责任。如果招标人拒不退还投标保函，投标人可通过出具保函的银行向招标人宣布该保函自通知之日起无效，实际上投标保函一般都规定了有效期。有效期满，该保函将自然失效。

银行保函作为一种在特定条件下可支付的银行承诺文件，其内容必须完整、严谨、公正和明确。

五、办理注册（备案）手续

根据我国现行的规定，建筑业企业、勘察设计企业、监理单位可以按核定的资质等级承接规定范围内的业务。一些行业和地区已经建立了市场准入制度，规定工程建设从业单位进入该行业市场或在异地承接建设业务时，须到项目行业或项目所在地的建设行政主管部门登记注册或备案。

对于国际工程，外国承包者进入招标项目所在国开展业务活动，必须按规定办理注册手续，取得合法地位。

六、接受投标资格预审表

(一) 资格预审表

资格预审资料的准备和提交是与业主资格预审文件及审查的内容和要求相一致的。资格预审表格一般包括五大方面的内容：投标申请人概况、经验与信誉、财务能力、人员能力和设备。

项目性质不同、招标范围不同，资格预审表的样式和内容也有所区别，但一般都包括：

①投标人身份证明、组织机构和业务范围表；

②投标人在以往若干年内从事过的类似项目经历（经验）表；

③投标人的财务能力说明表；

④投标人各类人员表以及拟派往项目的主要技术、管理人员表；

⑤投标人所拥有的设备以及为拟投标项目所投入的设备表；

⑥项目分包及分包人表；

⑦与本项目资格预审有关的其他资料。

（二）资格预审表的填写

编制资格预审文件的目的在于向愿意参加前期资格审查的投标人提供有关招标项目的介绍，并审查由投标人提供的与能否完成本项目有关的资料。

对该项目感兴趣的投标人只要按照资格预审文件的要求填写好各种调查表格，并提交全部所需的资料，均可被接受参加投标前期的资格预审；否则，将会失去资格预审资格。

在不损害商业秘密的前提下，投标人应向招标人提交能证明上述有关资质和业绩情况的法定证明文件或其他资料。

无论是资格预审还是资格后审，都是主要审查投标人是否符合下列条件：

①具有独立订立合同的权利；

②具有圆满履行合同的能力，包括专业、技术资格和能力，资金、设备和其他物质设施状况，管理能力，经验、信誉和相应的工作人员；

③以往承担类似项目的业绩情况；

④没有处于被责令停业，财产被接管、冻结、破产状态；

⑤在最近几年内（如2年内）没有与骗取合同有关的犯罪或质量责任和重大安全责任事故及其他严重违约、违法行为；

⑥国家、省或者招标文件对投标人资格条件规定的其他情况。

第三节 投标决策和策略

一、投标决策阶段的划分

根据工作特点，投标决策可以分为决策前期和决策后期两个阶段。

（一）决策前期阶段

投标决策的前期阶段，在购买资格预审资料前（后）完成。这个阶段决策的主要依据是招标公告，以及单位对招标项目、业主情况的研究和了解程度。前期阶段决定是否参与投标。

1. 决策依据

①招标人发布的招标广告；

②对招标工程项目的跟踪调查情况；

③对招标人（业主）情况的研究及了解程度；

④若是国际招标工程，其决策依据还必须包括对工程所在国和所在地的调查研究及了解程度。

2. 应放弃投标的招标项目

在通常情况下，以下招标项目投标人可以放弃投标：

①本承包企业主营和兼营能力以外的招标项目；

②工程规模、技术要求超过本企业技术等级的招标项目；

③本承包企业施工生产任务饱满，无力承担的招标项目；

④工程盈利水平较低或风险较大的招标项目；

⑤本承包企业等级、信誉、施工技术、施工管理水平明显不如竞争对手的招标项目。

（二）决策后期阶段

如果决定投标，即进入投标决策的后期，它是指从申报资格预审至封送投标文件前完成的决策研究阶段。这个阶段主要决定投什么样的标。

1. 投标性质决策

关于投标性质的决策，一般主要考虑是投保险标，还是投风险标。

①所谓保险标，是指承包商对基本上不存在什么技术、设备、资金和其他方面问题的，或虽有技术、设备、资金和其他方面问题但可预见并已有了解决办法的工程项目而投的标。保险标实际上就是不存在什么未解决或解决不了的重大问题，没有什么大的风险的标。如果企业经济实力不强，经不起折腾，投保险标是比较恰当的选择。我国的工程承包商一般都愿意投保险标，特别是在国际工程承包市场上，投保险标的更多。

②风险标是指承包商对存在技术、设备、资金或其他方面未解决的问题，承包难度比较大的招标工程而投的标。投风险标，关键是要能想出办法解决好工程中存在的问题。如果问题解决好了，可获得丰厚的利润，开拓出新的技术领域，锻炼出一支好的队伍，使企业素质和实力上一个台阶；如果问题解决得不好，企业的效益、声誉等都会受损，严重的可能会使企业出现亏损甚至破产。因此，承包商对投标性质的决策，特别是决定投风险标，应当慎重。

2. 投标效益决策

关于投标效益的决策，一般主要考虑是投盈利标、保本标，还是投亏损标。所谓盈利标，是指承包商为能获得丰厚利润回报的招标工程而投的标。一般来说，有下列情形之一的，承包商可以考虑决定投盈利标：①业主对本承包商特别满意，希望发包给本承包商的；②招标工程是竞争对手的弱项而是本承包商的强项的；③本承包商在手任务虽饱满，但招标利润丰厚、诱人，值得且能实际承受超负荷运转的。

保本标是指承包商对不能获得多少利润，但一般也不会出现亏损的招标工程而投的标。一般来说，有下列情形之一的，承包商可以考虑决定投保本标：①招标工程竞争对手较多，而本承包商无明显优势的；②本承包商在手任务少，无后继工程，可能出现或已经出现部分窝工的。

亏损标是指承包商对不能获利、自己赔本的招标工程而投的标。我国一般禁止投标人以低于成本的报价竞标，因此，投亏损标是一种非常手段，承包商不得已而为之。一般来说，有下列情形之一的，承包商可以决定投亏损标：①招标项目的强劲竞争对手众多，但本承包商孤注一掷，志在必得的；②本承包商已出现大量窝工，严重亏损，亟须寻求支撑的；③招标项目属于本承包商的新市场领域，本承包商渴望承接的；④招标工程属于本承包商已有绝对优势占据的市场领域，而其他竞争对手强烈希望插足分享的。

二、投标策略

投标策略是指承包者在投标竞争中的指导思想与系统工作部署及其参与投标竞争的方式和手段。承包者要想在投标中获胜，既要中标得到承包项目，又要从项目中盈利，就需要研究投标策略，以指导其投标全过程。在投标和报价中，选择有效的报价技巧和策略，往往能取得较好的效果。正确的策略来自承包者的经验积累、对客观规律的认识和对实际情况的了解，同时也少不了决策者的能力和魄力。

在激烈的投标竞争中，如何来战胜对手，这是所有投标人在研究或想知道的问题。遗憾的是，至今还没有一个完整或可操作的答案。事实上，这个问题也不可能有答案。因为建筑市场的投标竞争千姿百态，也无统一的模式可循，投标人及其对手们往往不可能用同一手段或策略来参加竞争，可以说各有各的"招数"，不同项目有不同的"招数"。在当今的投标竞争中，面对变幻莫测的投标策略，如果我们掌握了一些信息和资料，估计可能发生的一些情况，并加以认真仔细的分析，找出一些规律加以研究，这对投标人的决策是十分有益的，起码从中能受到启发或提示。

由于招标内容不同、投标人性质不同，所采取的投标策略也不相同。下面仅就工程投标的策略进行简要介绍。工程投标策略的内容主要有：

（一）以信取胜

这是依靠单位长期形成的良好社会信誉、技术和管理上的优势、优良的工程质量和服务措施、合理的价格和工期等因素争取中标。

（二）以快取胜

这主要通过采取有效措施缩短施工工期，并能保证进度计划的合理性和可行性，从而使招标工程早投产、早收益，以吸引业主。

（三）以廉取胜

其前提是保证施工质量，这对业主一般都具有较强的吸引力。从投标人的角度出发，采取这一策略也可能有长远的考虑，即通过降价扩大任务来源，从而降低固定成本在各个工程上的摊销比例，既降低工程成本，又为降低新投标工程的承包价格创造了条件。

（四）靠改进设计取胜

这主要通过仔细研究原设计图纸，若发现明显不合理之处，可提出改进设计的建议和能切实降低造价的措施。在这种情况下，一般仍然要按原设计报价，再按建议的方案报价。

（五）采用以退为进的策略

当发现招标文件中有不明确之处并有可能据此索赔时，可报低价先争取中标，再寻找索赔机会。例如，在中国香港，某些大的承包企业就常用这种方法，有时报价甚至低于成本。以高薪雇用1~2名索赔专家，千方百计地从设计图纸、标书、合同中寻找索赔机会。一般索赔金额可达10%~20%。采用这种策略一般要在索赔事务方面具有相当成熟的经验。

（六）采用长远发展的策略

其目的不在于当前的招标工程上获利，而着眼于发展，争取将来的优势，如为开辟新市场、掌握某种有发展前途的工程施工技术等，宁可在当前招标工程上以微利甚至无利的价格参与竞争。

以上这些策略不是互相排斥的，根据具体情况，可以综合灵活运用。

第四节　投标报价和技巧

一、投标报价的基本概念

（一）投标报价概念

从资金角度看，投标报价是指承包商（投标人）以投标方式承揽建设项目时，计算和确定完成该项目投标文件规定的全部工作内容所需一切费用的期望值。

从工作角度看，投标报价是指承包商（投标人）以投标方式承揽建设项目时，根据招标文件的要求，计算、确定和报送给项目投标价格的活动。

投标报价是建设工程投标活动中的核心环节，是影响承包商投标成败的关键性因素。因此，正确编制建设工程投标报价十分重要。

（二）投标报价的基本模式

1. 定额计价模式的投标报价

以定额计价模式投标报价，一般是采用预算定额来编制，即按照定额规定的分部分项工程子目逐项计算工程量，套用定额基价或根据市场价格确定直接费，然后再按规定的费用定额计取各项费用，最后汇总形成标价。这种方法在我国大多数省市现行的报价编制中比较常用。

2. 工程量清单计价模式的投标报价

以工程量清单计价模式投标报价，这是与市场经济相适应的投标报价方法，也是国际通用的竞争性招标方式所要求的。一般是由标底编制单位根据业主委托，将拟建招标工程全部项目和内容按相关的计算规则计算出工程量，列在清单上作为招标文件的组成部分，供投标人逐项填报单价，计算出总价，作为投标报价，然后通过评标竞争，最终确定合同价。

工程量清单报价由招标人给出工程量清单，投标者填报单价，单价应完全依据企业技术、管理水平等企业实力而定，以满足市场竞争的需要。

采取工程量清单综合单价计算投标报价时，投标人填入工程量清单中的单价是综合单价，应包括人工费、材料费、机械费、其他直接费、间接费、利润以及材料差价及风险金等全部费用，将工程量与该单价相乘得出合价，将全部合价汇总后即得出投标总报价。

分部分项工程费、措施项目费和其他项目费用均采用综合单价计价，工程量清单计价的投标报价，由分部分项工程费、措施项目费、其他项目费、规费和税金构成。

（1）分部分项工程费

分部分项工程费是指完成"分部分项工程量清单"项目所需的费用。投标人负责填写分部分项工程量清单中的金额一项。金额按照综合单价填报。分部分项工程量清单中的合价等于工程数量和综合单价的乘积。

（2）措施项目费

措施项目费是指分部分项工程费以外，为完成该工程项目施工必须采取的措施所需的费用。投标人负责填写措施项目清单中的金额。措施项目清单中的措施项目包括通用项目、建筑工程措施项目、安装工程措施项目和市政工程措施项目四类。措施项目清单中费用金额也是一个综合单价，包括人工费、材料费、机械费、管理费、利润、风险因素等项目。

（3）其他项目费

其他项目费指的是分部分项工程费和措施项目费以外，该工程项目施工中可能发生的其他费用。其他项目清单包括的项目分为招标人部分和投标人部分工程量清单计价模式下的投标总价。

（4）规费

规费主要是指按照国家要求必须缴纳的费用。

（5）税金

税金主要包括营业税、城市维护建设税和教育费附加。

二、投标报价的编制程序

不论采用何种投标报价体系，一般计算过程如下：

（一）复核或计算工程量

工程招标文件中若提供有工程量清单，投标价格计算之前，要对工程量进行校核。若招标文件中没有提供工程量清单，则必须根据图纸计算全部工程量。如招标文件对工程量的计算方法有规定，应按照规定的方法进行计算。

（二）确定单价，计算合价

在投标报价中，复核或计算各个分部分项工程的实物工程量以后，就需要确定每一个分部分项工程的单价，并按照招标文件中工程量表的格式填写报价，一般是按照分部分项工程量内容和项目名称填写单价和合价。在投标报价的各个阶段，投标价格一般以表格的形式进行计算。

（三）确定分包工程费

来自分包人的工程分包费是投标价格的一个重要组成部分，有时总承包人投标价格中的相当部分来自分包工程费。因此，在编制投标价格时需要有一个合适的价格来衡量分包人的价格，需要熟悉分包工程的范围，对分包人的能力进行评估。

（四）确定利润

利润指的是承包人的预期利润，确定利润取值的目标是考虑既可以获得最大的可能利润，又要保证投标价格具有一定的竞争性。投标报价时承包人应根据市场竞争情况确定在该工程上的利润率。

（五）确定风险费

风险费对承包商来说是一个未知数，如果预计的风险没有全部发生，则可能预计的风险费有剩余，这部分剩余和计划利润加在一起就是盈余；如果风险费估计不足，则由盈利来补贴。在投标时，应该根据该工程规模及工程所在地的实际情况，由有经验的专业人员对可能的风险因素进行逐项分析后确定一个比较合理的费用比率。

（六）确定投标价格

如前所述，将所有的分部分项工程的合价汇总后就可以得到工程的总价，但是这样计算的工程总价还不能作为投标价格，因为计算出来的价格可能重复也可能会漏算，也有可能某些费用的预估有偏差等，因而必须对计算出来的工程总价做某些必要的调整。

调整投标价格应当建立在对工程盈亏分析的基础上，盈亏预测应用多种方法从多角度进行，找出计算中的问题以及分析可以通过采取哪些措施降低成本、增加盈利，确定最后的投标报价。

三、投标报价编制的基本要求和依据

（一）投标报价编制的基本要求

投标报价的编制主要是投标单位对承建招标工程所要发生的各种费用的计算，在进行投标计算时，必须首先根据招标文件进一步复核工程量。作为投标计算的必要条件，应预先确定施工方案和施工进度。此外，投标计算还必须与采用的合同形式相协调。报价是投标的关键性工作，报价是否合理直接关系到投标的成败。

①以招标文件中设定的发承包双方责任划分，作为考虑投标报价费用项目和费用计算的基础；根据工程发承包模式考虑投标报价的费用内容和计算深度。

②以施工方案、技术措施等作为投标报价计算的基本条件。

③以反映企业技术和管理水平的企业定额作为计算人工、材料和机械台班消耗量的基本依据。

④充分利用现场考察、调研成果、市场价格信息和行情资料，编制基价，确定调价方法。

⑤报价计算方法要科学严谨、简明适用。

（二）投标报价编制的依据

投标报价编制的依据主要有：

①招标单位提供的招标文件。

②招标单位提供的设计图纸、工程量清单及有关的技术说明书等。

③国家及地区颁发的现行建筑、安装工程预算定额及与之相配套执行的各种费用定额规定等。

④地方现行材料预算价格、采购地点及供应方式等。

⑤因招标文件及设计图纸等不明确，经咨询后由招标单位书面答复的有关资料。

⑥企业内部制定的有关取费、价格等的规定、标准。

⑦其他与报价计算有关的各项政策、规定及调整系数等。

在标价的计算过程中，对于不可预见费用的计算必须慎重考虑，不要遗漏。

四、投标报价技巧

投标报价技巧作为投标取胜的方式、手段和艺术，内容十分丰富，常用的投标报价技巧主要有：

（一）根据招标项目的不同特点采用不同报价

投标报价时，既要考虑自身的优势和劣势，也要分析招标项目的特点。按照工程项目的不同特点、类别、施工条件等来选择报价策略。

①遇到如下情况，报价可高一些：施工条件差的工程；专业要求高的技术密集型工程，而本公司在这方面又有专长，声望也较高；总价低的小工程，以及自己不愿做、又不方便不投标的工程；特殊的工程，如港口码头、地下开挖工程等；工期要求急的工程；投标对手少的工程；支付条件不理想的工程。

②遇到如下情况，报价可低一些：施工条件好的工程；工作简单、工程量大而一般公司都可以做的工程；本公司目前急于打入某一市场、某一地区，或在该地区面临工程结束，机械设备等无工地转移时；本公司在附近有工程，而本项目又可利用该工程的设备、劳务或有条件短期内突击完成的工程；投标对手多，竞争激烈的工程；非急需工程；支付条件好的工程。

（二）不平衡报价法

这一方法是指一个工程项目总报价基本确定后，通过调整内部各个项目的报价，以期既不提高总报价、不影响中标，又能在结算时得到更理想的经济效益。一般可以考虑在以下几方面采用不平衡报价：

①能够早日结账的项目（如开办费、基础工程、土方开挖桩基等）可以报得较高，以利于资金周转，后期工程项目（如电机设备安装、装饰等）可适当降低。

②经过工程量核算，预计今后工程量会增加的项目，单价适当提高，这样在最终结算时可多赚钱；将工程量可能减少的项目单价降低，工程结算时损失不大。

当然上述两种情况要统筹考虑，即对于工程量有错误的早期工程，如果预计工程量会减少，则不能盲目抬高单价，要具体分析后再定。

③设计图纸不明确，估计修改后工程量要增加的，可以提高单价；而工程内容说不清楚的，则可以降低一些单价。

④暂定项目又叫任意项目或选择项目，对这类项目要做具体分析，因这一类项目要开工后由业主研究决定是否实施，由哪一家承包商实施，如果工程不分包，只由一家承包商

施工，则其中肯定要做的项目，单价可高一些，不一定要做的应低一些。如果工程分包，该暂定项目也可能由其他承包商施工时，则不宜报高价，以免抬高总报价。

⑤单价包干混合制合同中，业主要求有些项目采用包干报价时，宜报高价，一则这类项目多半有风险，二则这类项目在完成后可按全部报价结账，即可以全部结算回来，而其余单价项目则可适当降低。

⑥有的招标文件要求投标者对工程量大的项目报"单价分析表"，投标时可将单价分析表中的人工费及机械设备费报得较高，而材料费报得较低。这主要是为了在今后补充项目报价时可以参考选用"单价分析表"中较高的人工费和机械设备费，而材料则往往采用市场价，因而可获得较高的收益。

⑦在议标时，应该首先压低那些工程量小的单价，这样即使压低了很多个单价，中的标价也不会降低很多，而给业主的感觉却是工程量清单上的单价大幅度下降，承包商有让利的诚意。

⑧如果是单纯报计日工或计台班机械单价，可以高一些，以便在日后业主用工或使用机械时可多盈利。但如果计日工表中有一个假定的"名义工程量"时，则需要具体分析是否报高价，以免抬高总报价。总之，要分析业主开工后，可能使用的计日工数量确定报价技巧。

设计图纸不明确，估计修改后工程量要增加的，可以提高单价；而工程内容解说不清楚的，则可适当降低一些单价，待澄清后可再要求提价。

采用不平衡报价一定要建立在对工程量表中工程量仔细核对分析的基础上，特别是对报低单价的项目，如工程量执行时增多将造成承包商的重大损失；不平衡报价一定要控制在合理幅度内（一般可在 10% 左右），过多和过于明显，可能会引起业主反对，甚至导致废标。

（三）计日工单价的报价

如果是单纯报计日工单价，而且不计入总价中，可以报高些，以便在业主额外用工或使用施工机械时可多盈利。但如果计日工单价要计入总报价时，则须具体分析是否报高价，以免抬高总报价。总之，要分析业主在开工后可能使用的计日工数量，再来确定报价方针。

（四）可供选择的项目的报价

有些工程项目的分项工程，业主可能要求按某一方案报价，而后再提供几种可供选择方案的比较报价。例如，某住房工程的地面水磨石砖，工程量表中要求按 25cm×25cm×

2cm 的规格报价；另外，还要求投标人用更小规格砖 20cm×20cm×2cm 和更大规格砖 30cm ×30cm×3cm 作为可供选择项目报价。投标时，除对几种水磨石地面砖调查询价外，还应对当地习惯用砖情况进行调查。对于将来有可能被选择使用的地面砖铺砌应适当提高其报价；对难以供货的某些规格地面砖，可将价格有意抬高得更多一些，以阻挠业主选用。但是，所谓"可供选择项目"并非由承包商任意选择，而是业主才有权进行选择。因此，我们虽然适当提高了可供选择项目的报价，并不意味着肯定可以取得较多的利润，只是提供了一种可能性，一旦业主今后选用，承包商即可得到额外加价的利益。

（五）暂定工程量的报价

暂定工程量的报价有三种：

①业主规定了暂定工程量的分项内容和暂定总价款，并规定所有投标人都必须在总报价中加入这笔固定金额，但由于分项工程量不很准确，允许将来按投标人所报单价和实际完成的工程量付款。

②业主列出了暂定工程量的项目和数量，但并没有限制这些工程量的估价总价款，要求投标人既列出单价，也应按暂定项目的数量计算总价，当将来结算付款时可按实际完成的工程量和所报单价支付。

③只有暂定工程量的一笔固定总金额，将来这笔金额做什么用，由业主确定。

（六）多方案报价法

对于一些招标文件，如果发现工程范围不很明确，条款不清楚或很不公正或技术规范要求过于苛刻时，则要在充分估计投标风险的基础上，按多方案报价法处理，即按原招标文件报一个价，然后再提出，如某某条款做某些变动，报价可降低多少，由此可报出一个较低的价。这样，可以降低总价，吸引业主。

（七）增加建议方案

有时招标文件中规定，可以提一个建议方案，即可以修改原设计方案，提出投标者的方案。投标者这时应抓住机会，组织一批有经验的设计和施工工程师，对原招标文件的设计和施工方案仔细研究，提出更为合理的方案以吸引业主，促成自己的方案中标。这种新建议方案可以降低总造价或是缩短工期，或使工程运用更为合理。但要注意，对原招标方案一定也要报价；建议方案不要写得太具体，要保留方案的技术关键，防止业主将此方案交给其他承包商。同时要强调的是，建议方案一定要比较成熟，有很好的可操作性。

（八）分包商报价的采用

由于现代工程的综合性和复杂性，总承包商不可能将全部工程内容完全独家包揽，特别是有些专业性较强的工程内容，须分包给其他专业工程公司施工，还有些招标项目，业主规定某些工程内容必须由他指定的几家分包商承担。因此，总承包商通常应在投标前先取得分包商的报价，并增加总承包商摊入的一定的管理费，而后作为自己投标总价的一个组成部分，一并列入报价单中。应当注意，分包商在投标前可能同意接受总承包商压低其报价的要求，但等到总承包商得标后，他们常以种种理由要求提高分包价格，这将使总承包商处于十分被动的地位。解决的办法是，总承包商在投标前找 2~3 家分包商分别报价，而后选择其中一家信誉较好、实力较强和报价合理的分包商签订协议，同意该分包商作为本分包工程的唯一合作者，并将分包商的姓名列到投标文件中，但要求该分包商相应地提交投标保函。如果该分包商认为这家总承包商确实有可能得标，他也许愿意接受这一条件。这种把分包商的利益同投标人捆在一起的做法，不但可以防止分包商事后反悔和涨价，还可能迫使分包时报出较合理的价格，以便共同争取得标。

（九）无利润算标

缺乏竞争优势的承包商，在不得已的情况下，只好在算标中根本不考虑利润去夺标。这种办法一般是处于以下条件时采用的：

①有可能在得标后，将大部分工程分包给索价较低的一些分包商；

②对于分期建设的项目，先以低价获得首期工程，而后赢得机会创造第二期工程中的竞争优势，并在以后的实施中赚得利润；

③较长时期内，承包商没有在建的工程项目，如果再不得标，就难以维持生存。因此，虽然本工程无利可图，只要能有一定的管理费维持公司的日常运转，就可设法度过暂时的困难，以图将来东山再起。

（十）突然降价法

投标报价是一件保密的工作，但是对手往往通过各种渠道、手段来刺探情况，因而，在报价时可以采取迷惑对手的方法。即先按一般情况报价或表现出自己对该工程兴趣不大，投标截止时间快到时，再突然降价。

采用这种方法时，一定要在准备投标报价的过程中考虑好降价的幅度，在临近投标截止日期前，根据信息与分析判断，再做最后决策。

如果由于采用突然降价法而中标，因为开标只讲总价，在签订合同后可采用不平衡报价的设想调整工程量表内的各项单价或价格，以期取得更高的效益。

五、投标报价分析

对初步报价进行分析的目的是探讨这个初步报价的盈利和风险，从而做出最终报价的决策。在研究投标报价、确定利润时，应当坚持"既能够中标，又有利可图"的原则，既考虑第一次投标成败的得失，同时又应着眼于长远的发展。分析的方法可以从静态分析和动态分析两个方面进行。

（一）报价的静态分析

假定初步报价是合理的，应分析报价的各项组成和其合理性。分析步骤如下：

1. 分项统计计算书中的汇总数字，并计算其比例指标

①统计总建筑面积及各单项建筑物面积。

②统计材料费总价及各主要材料数量和分类总价，计算单位面积的总材料费用指标及各主要材料消耗指标和费用指标；计算材料费用占总报价的比重。

③统计劳务费总价及主要人工、辅助人工和管理人员的数量，按报价、工期、建筑面积及统计的工日总数算出单位面积的用工数（生产用工和全员用工数）、单位面积的劳务费，并算出按规定工期完成工程时，生产工人和全员的平均人月产值和人年产值；计算劳务费占总报价的比重。

④统计临时工程费用、机械设备使用费、机械设备购置费，以及模板、脚手架和工具等费用，计算它们占总报价的比重，以及分别占购置费的比例（即摊入本工程的价值比例）和工程结束后的残值。

⑤统计各类管理费汇总数，计算它们占总报价的比重；计算利润、贷款利息的总数和所占的比例。

⑥如果报价人有意地分别增加了某些风险系数，可以列为潜在利润或隐匿利润提出，以便研讨。

⑦统计分包工程的总价及各分包商的分包价，计算其占总报价和承包商自己施工的直接费用的比例，并计算各分包商分别占分包总价的比例，分析各分包报价的直接费、间接费和利润。

2. 分析报价结构的合理性

例如，分析总直接费和总管理费的比例关系、劳务费和材料费的比例关系；分析利润、流动资金及其利息与总标价的比例关系等。承包过类似工程的有经验的承包人不难从

这些比例关系中，判断标价的构成是否基本合理，如果发现有不合理的部分，应当初步探讨其原因。首先研究本工程与其他类似工程是否存在某些不可比因素，如果考虑了不可比因素的影响后，仍存在不合理的情况，就应当深入探讨其原因，并考虑调整某些基价、定额或分摊系数。

3. 探讨工期与报价的关系

根据进度计划与报价，计算出月产值、年产值，如果从承包商的实践经验角度判断这一指标过高或过低，就应当考虑工期的合理性。

4. 分析单位面积价格和用工量、用料量的合理性

参照实施同类工程的经验，如果本工程与用来类比的工程有某些不可比因素，可以剔除不可比因素后进行分析，还可以在当地搜索类似工程的资料，剔除某些不可比因素后进行分析对比，并探索本报价的合理性。

5. 对明显不合理的报价构成部分进行微观方面的分析

重点是从提高工效、改变施工方案、调整工期、压低供应商和分包商的价格、节约管理费用等方面提出可行措施，并修正初步报价，测算出另一个低报价方案。

（二）报价的动态分析

报价的动态分析是通过假定某些因素发生变化，测算报价的变化幅度，特别是这些变化对计划利润的影响。

工程建设过程中可能发生的不确定因素引起的风险很多，比如工期延误的影响、物价和工资上涨的影响、贷款利率变化的影响、政策法规变化的影响等，都会造成工程项目造价的不正常变动。由于这些不确定性因素的存在，工程项目的造价一般都会有三种不同成分：确定性造价、风险性造价、完全不确定性造价。这三部分不同性质的造价合在一起，就构成了一个工程项目的总造价。这就要求在工程项目的造价管理中必须同时考虑对确定性造价、风险性造价和完全不确定性造价的管理，以实现对于工程项目的全面造价管理。

要实现对于工程项目风险造价管理，首先要识别一个工程项目中存在的各种风险并且定出风险性造价，其次是要通过控制风险事件的发生与发展，直接或间接地控制工程项目的全风险造价。

工程风险的防范与管理应该是全过程的。针对不同的风险，可以采用的风险防范措施有：回避风险、转移风险、自留风险和利用风险。

1. 承包商回避风险

即设法远离、躲避风险发生的行为和环境，避免风险发生。

①拒绝承担风险。承包商拒绝承担风险大致有以下几种情况：首先，是对某些存在致命风险的工程拒绝投标；其次，是利用合同保护自己，不承担应该由业主承担的风险；再次，是不接受实力差、信誉差的分包商和材料设备供应商，即使是业主或有实权的人推荐的；最后，是不雇用道德水平低下的中介人。

②承担小风险躲避大风险。承包商在投标报价中也经常采取这种策略。比如，经过风险分析，在报价中加上一笔不可预见的费用，以避免风险发生的成本亏损。尽管报价可能会因此失去竞争力，但是这种风险程度比起中标后的成本亏损要小。在投标中投入较多的人力、物力也是一种承担小风险躲避大风险的方法。如果草率投标，中标后面临的风险会很大。

③损失利益而回避风险。比如提前预付一定比例定金签订材料设备采购合同，损失少量的资金利息以避免涨价的风险；选择价格高，但信誉好、实力强的分包商，以避免分包商违约的风险；采用效果可靠，但成本较高的护坡方案，以避免塌方或滑坡的风险等。

2. 承包商转移风险

即通过一定的方式，将风险转移到另一个主体。回避风险意味着承包商拉开与风险的距离，避开产生风险的行为或环境；转移风险，承包商不能回避风险，只能参与到风险中去，但是可以将风险转移给其他人分担。

①转移给分包商。工程风险中的很大一部分，承包商都可以分散转移给若干家分包商和材料设备供应商。例如，在分包合同中约定，在业主支付工程款后承包商才支付给分包商分包工程款，分包商分担业主拖欠工程款的风险；分包商承担分包工程部分物价上涨的风险；分包商提供投标保函，履约保函，并按业主扣留的维修保证金的比例扣留分包工程维修保证金。承包商在项目中投入的资源越少越好，一旦遇到风险可以进退自如，可以租赁或指令分包商自带设备等措施来减少自身资金设备沉淀。

②购买保险。购买保险是非常有效的转移风险的手段，承包商和业主可以将他们面临的风险的很大一部分转移给保险公司来承担。

3. 承包商自留风险

一般有以下几种情况：首先，对风险程度估计不足，认为这种风险不会发生；其次，这种风险无法回避或转移；最后，经过慎重考虑而决定自己承担风险，因为损失微不足道或自留比转移更加经济。

4. 利用风险

承包商如果预测准确、合理利用，风险因素还会带来盈利。可以盈利的投机风险在工程承包商中经常出现，是承包商中标后索赔盈利的主要来源。利用投机风险的步骤是：首先，分析利用风险的可能性，找出可以利用的风险；其次，分析风险的利用价值和成本，选择利用价值高，而利用成本低的风险；最后，制定利用风险的策略和步骤。

(三) 报价的定量分析

报价定量分析的目的是科学系统地进行投标报价决策，即通过认真分析研究，科学地确定具有竞争力的报价。报价的定量分析通常采用概率分析法进行。

1. 概率分析法的适用范围

概率分析法，适用于考虑竞争对手的存在，而且研究了某些重要对手的报价行为和中标概率情况下的报价决策分析。概率分析法主要解决报价时如何才能低于竞争对手又有利可图的问题。

一般来说，投标人在投标竞争中会遇到以下几种情况：一是知道对手是谁，也知道对手有多少；二是知道对手有多少，但不清楚他们是谁；三是既不知道对手是谁，又不知道对手有多少。上述情况，可按只有一个对手和多个竞争对手两种情况来分析。只要我们依据一些仅有的资料和竞争对手的一些情况，认真地加以分析和研究，就能做出具有竞争力的报价。

概率分析法能否行之有效，取决于投标人在以往竞争中对其竞争对手的信息掌握的程度。通过分析研究，把竞争对手过去投标的实际资料公式化，就可以建立通常所说的投标模型。在投标竞争中，根据竞争对手的多少及这些对手是否确定，可建立不同的投标策略模型。

2. 直接利润和预期利润

决定投标后，承包商要提出投标申请，购买招标文件，估算工程成本。估算成本往往不会等于工程的实际成本，而且参加投标的每个承包商所估算的成本值也不同。为了便于制定投标策略，该承包商就以自己的估算成本（A）作为依据。设承包商投标报价为（B），则其在该项工程中的直接利润（I），即为投标报价与估算成本之间的差额：$I=B-A$。

只有投标得中时，承包商才能获得直接利润；投标失利，利润为零。因此在判定投标策略时，要用预期利润 I_E 作为比较依据，预期利润 I_E 就是直接利润的期望值，即各种投标方案的中标概率与直接利润的乘积。如果中标的概率为 P，则不中标概率为（1-P）。因此，预期利润的计算公式为：$I_E = P \cdot I + (1-P) \times 0 = P \cdot I$。

预期利润虽然不能反映企业从某项工程上获得的实际利润，但由于它考虑了投标是否获胜的因素，因而更具有现实意义。要根据预期利润确定一个最为合理的投标策略，需要掌握尽量多的过去投标信息。

3. 只有一个对手的情况

如果投标人在投标竞争中，已经知道对手只有一个，这时就要仔细分析平时掌握到的关于这个对手的各种信息，以便准确做出报价决策。任何招标项目开标时，一般都要公开宣布投标人的标价。这时机智的投标人要当场将对手的标价记录下来，用以与自己的标价或自己对工程的估价进行比较，以便为今后类似情况的投标提供信息。如果可能，还要搜集工程的实际造价（不论是直接的资料或者是间接的资料）。除此之外，投标人还应记录其他的特殊情况，诸如了解某投标人招揽工程的缓急情况等。掌握了对手过去的和现在的投标信息，投标人就可以将这些资料汇集起来，形成投标的策略。当然，投标人掌握的资料越多、越准确，他的策略成功的机会也就越多。

第四章　房屋与市政建设工程开标、评标及定标

第一节　工程开标

一、开标的时间和地点

招标人应按投标人须知前附表规定的投标截止时间（开标时间）和地点（一般应在当地建设工程交易中心举行）公开开标，并邀请所有投标人的法定代表人或其委托代理人准时参加。投标人少于3个的，不得开标，招标人应当重新招标。

电子开标应当按照招标文件确定的时间，在电子招标投标交易平台上公开进行，所有投标人均应当准时在线参加开标。开标时，电子招标投标交易平台自动提取所有投标文件，提示招标人和投标人按招标文件规定方式按时在线解密。解密全部完成后，应当向所有投标人公布投标人名称、投标价格和招标文件规定的其他内容。因投标人原因造成投标文件未解密的，视为撤销其投标文件；因投标人之外的原因造成投标文件未解密的，视为撤回其投标文件，投标人有权要求责任方赔偿因此遭受的直接损失。部分投标文件未解密的，其他投标文件的开标可以继续进行。

《招标投标法》第三十五条规定，开标由招标人主持，邀请所有投标人参加。招标人可以在投标人须知前附表中对此做进一步说明，同时明确投标人的法定代表人或其委托代理人不参加开标的法律后果，如投标人的法定代表人或其委托代理人不参加开标的，视同该投标人承认开标记录，不得事后对开标记录提出任何异议。通常招标人不应以投标人不参加开标为由将其投标作为废标处理。

二、开标程序

开标前，招标人应组织投标人提交投标文件、签到、提交投标保证金或投标保函，投标保证金一般在此前通过银行转账到指定的账户（不主张用现金操作）。

（一） 主持人按下列程序进行开标

①宣布开标纪律；

②公布在投标截止时间前递交投标文件的投标人名称，并点名确认投标人是否派人到场；

③宣布开标人、唱标人、记录人、监标人等有关人员姓名；

④按照投标人须知前附表的规定检查投标文件的密封情况；

⑤按照投标人须知前附表的规定确定并宣布投标文件开标顺序；

⑥设有标底的，公布标底；

⑦按照宣布的开标顺序当众开标，公布投标人名称、标段名称、投标保证金的递交情况、投标报价、质量目标、工期及其他内容，并记录在案；

⑧投标人代表、招标人代表、监标人、记录人等有关人员在开标记录上签字确认；

⑨开标结束。

招标人应在投标人须知前附表中规定开标程序中第④、⑤条的具体做法。开标时，由投标人或者其推选的代表检查投标文件的密封情况，也可以由招标人委托的公证机构检查并公证等；可以按照投标文件递交的先后顺序开标，也可以采用其他方式确定开标顺序。

开标过程中，投标人可以对唱标做必要的解释，但所做的解释不得超过投标文件记载的范围或改变投标文件的实质性内容。

（二） 对投标人异议的处理

投标人对开标有异议的，应当在开标现场提出，招标人应当场做出答复，并制作记录。但招标人只须按实记录情况，不要做结论，对投标人异议的处理应当由评标委员会来完成。

三、无效投标文件

投标文件有下列情形之一的，招标人不予受理：

①逾期送达的或者未送达指定地点的；

②未按招标文件要求密封的。

四、废标条件

有下列情形之一的，评标委员会应当否决其投标：

①投标文件未经投标单位盖章和单位负责人签字；

②投标联合体没有提交共同投标协议；

③投标人不符合国家或者招标文件规定的资格条件；

④同一投标人提交两个以上不同的投标文件或者投标报价，但招标文件要求提交备选投标的除外；

⑤投标报价低于成本或者高于招标文件设定的最高投标限价；

⑥投标文件没有对招标文件的实质性要求和条件做出响应；

⑦投标人有串通投标、弄虚作假、行贿等违法行为。

第二节　工程评标、定标

一、组建评标委员会

（一）评标专家库的建立

《招标投标法实施条例》第四十五条规定：国家实行统一的评标专家专业分类标准和管理办法。具体标准和办法由国务院发展改革部门会同国务院有关部门制定。省级人民政府和国务院有关部门应当组建综合评标专家库。

目前，全国存在不同层级部门、各类招标代理机构、大型国有企业的评标专家库，在招投标活动中发挥了积极作用。但是，实践中一些需求难以在现存评标专家库中得以满足，需要从国家层面搭建综合性的公共服务平台，实现全省乃至全国范围内资源共享。

（二）评标委员会成员的确定

评标委员会由招标人负责组织。根据《招标投标法》第三十七条规定，评标委员会由招标人的代表和有关技术、经济等方面的专家组成，成员人数为 5 人以上单数，其中招标人、招标代理机构以外的技术、经济等方面专家不得少于成员总数的 2/3。

《招标投标法实施条例》第四十六条规定：

①除《招标投标法》第三十七条第三款规定的特殊招标项目外，依法必须进行招标的项目，其评标委员会的专家成员应当从评标专家库内相关专业的专家名单中以随机抽取方式确定。

②任何单位和个人不得以明示、暗示等任何方式指定或者变相指定参加评标委员会的专家成员。

③依法必须进行招标的项目的招标人非因《招标投标法》和《招标投标法实施条例》规定的事由，不得更换依法确定的评标委员会成员。更换评标委员会的专家成员应当依照前款规定进行。

④评标委员会成员与投标人有利害关系的，应当主动回避。

⑤有关行政监督部门应当按照规定的职责分工，对评标委员会成员的确定方式、评标专家的抽取和评标活动进行监督。行政监督部门的工作人员不得担任本部门负责监督项目的评标委员会成员。

《招标投标法实施条例》第四十七条规定：《招标投标法》第三十七条第三款所称特殊招标项目，是指对技术复杂、专业性强或者国家有特殊要求，采取随机抽取方式确定的专家难以保证胜任评标工作的项目。特殊招标项目可以由招标人从评标专家库内或库外直接选聘确定。

（三）评标专家的抽取

为了防止招标人在选定评标专家时的主观随意性，招标人应从国务院或省级人民政府有关部门提供的专家名册或者招标代理机构的专家库中，确定评标专家。一般招标项目可以采取随机抽取的方式确定，有些特殊的招标项目，如科研项目、技术特别复杂的项目等，由于采取随机抽取的方式确定的专家不能胜任评标工作，或者只有少数专家能够胜任评标工作，因此招标人可以直接确定专家人选。专家名册或专家库，也称人才库，是根据不同的专业分别设置的该专业领域的专家名单或数据库。进入该名单或数据库中的专家，应该是在该领域具备上述条件的所有专家，而非少数或个别专家。

评标委员会设主任1人，可以由招标人直接指定或者由评标委员会协商产生评标委员会主任。

评标委员会成员有下列情形之一的，应当回避：

①招标人或投标人的主要负责人的近亲属；

②项目主管部门或者行政监督部门的人员；

③与投标人有经济利益关系，可能影响对投标公正评审的；

④曾因在招标、评标以及其他与招标投标有关活动中从事违法行为而受过行政处罚或刑事处罚的。

二、评标原则

评标活动应遵循公平、公正、科学和择优的原则。

电子评标应当在有效监控和保密的环境下在线进行。根据国家规定应当进入依法设立的招标投标交易场所的招标项目，评标委员会成员应当在依法设立的招标投标交易场所登录招标项目所使用的电子招标投标交易平台进行评标。

三、评标方法

《招投标法》和《行业标准施工招标文件》规定了两种评标方法：经评审的最低投标价法和综合评估法。

（一）经评审的最低投标价法

所谓经评审的最低投标价法，就是投标报价最低的中标，但前提条件是该投标符合招标文件的实质性要求。如果投标不符合招标文件的要求而被招标人所拒绝，则投标价格再低，也不在考虑之列。在采取这种方法选择中标人时，必须注意的是，投标价不得低于成本。这里所指的成本，应该理解为招标人自己的个别成本，而不是社会平均成本。由于招标人技术和管理等方面的原因，其个别成本有可能低于社会平均成本。投标人以低于社会平均成本但不低于其个别成本的价格投标，是应该受到保护和鼓励的。如果招标人的价格低于自己的个别成本，则意味着投标人取得合同后，可能为了节省开支而想方设法偷工减料、粗制滥造，给招标人造成不可挽回的损失。如果投标人以排挤其他竞争对手为目的，而以低于个别成本的价格投标，则构成低价倾销的不正当竞争行为，违反我国《价格法》和《反不正当竞争法》的有关规定。因此，投标人投标价格低于自己个别成本的，不得中标。

（二）综合评标法

所谓综合评标法，就是按照价格标准和非价格标准对投标文件进行总体评估和比较。采用这种综合评标法时，一般将价格以外的有关因素折成货币或给予相应的加权计算，以确定最低评标价（也称估值最低的投标）或最佳的投标。被评为最低评标价或最佳的投标，即可认定为该投标获得最佳综合评价。所以，投标价格最低的不一定中标。采用这种评标方法时，应尽量避免在招标文件中只笼统地列出价格以外的其他有关标准，但对如何折成货币或给予相应的加权计算并没有规定下来，而在评标时才制定出具体的评标计算因素及其量化计算方法，带有明显有利于某一投标的倾向性。

四、评标程序

评标活动将按以下五个步骤进行：评标准备；初步评审；详细评审；澄清、说明或补正；推荐中标候选人或者直接确定中标人及提交评标报告。

（一）评标准备

1. 评标委员会成员签到

评标委员会成员到达评标现场时应在签到表上签到以证明其出席。

2. 评标委员会的分工

评标委员会首先推选一名评标委员会主任，招标人也可以直接指定评标委员会主任。评标委员会主任负责评标活动的组织领导工作。评标委员会主任在与其他评标委员会成员协商的基础上，可以将评标委员会划分为技术组和商务组。

3. 熟悉文件资料

①评标委员会主任应组织评标委员会成员认真研究招标文件，了解和熟悉招标目的、招标范围、主要合同条件、技术标准和要求、质量标准和工期要求等，掌握评标标准和方法，熟悉《行业标准施工招标文件》第三章及附件中包括的评标表格的使用，如果《行业标准施工招标文件》第三章及附件所附的表格不能满足评标所需时，评标委员会应补充编制评标所需的表格，尤其是用于详细分析计算的表格。未在招标文件中规定的标准和方法不得作为评标的依据。

②招标人或招标代理机构应向评标委员会提供评标所需的信息和数据，包括招标文件、未在开标会上当场拒绝的各投标文件、开标会记录、资格预审文件及各投标人在资格预审阶段递交的资格预审申请文件（适用于已进行资格预审的）、招标控制价或标底（如果有）、工程所在地工程造价管理部门颁布的工程造价信息、定额（如作为计价依据时）、有关的法律、法规、规章、国家标准以及招标人或评标委员会认为必要的其他信息和数据。

4. 对投标文件进行基础性数据分析和整理工作（清标）

①在不改变投标人投标文件实质性内容的前提下，评标委员会应当对投标文件进行基础性数据分析和整理（简称为"清标"），从而发现并提取其中可能存在的对招标范围理解的偏差、投标报价的算术性错误、错漏项、投标报价构成不合理、不平衡报价等存在明显异常的问题，并就这些问题整理形成清标成果。评标委员会对清标成果审议后，决定需要投标人进行书面澄清、说明或补正的问题，形成质疑问卷，向投标人发出问题澄清通知（包括质疑问卷）。

②在不影响评标委员会成员的法定权利的前提下，评标委员会可委托由招标人专门成立的清标工作小组完成清标工作。在这种情况下，清标工作可以在评标工作开始之前完

成，也可以与评标工作平行进行。清标工作小组成员应为具备相应执业资格的专业人员，且应当符合有关法律法规对评标专家的回避规定和要求，不得与任何投标人有利益、上下级等关系，不得代行依法应当由评标委员会及其成员行使的权利。清标成果应当经过评标委员会的审核确认，经过评标委员会审核确认的清标成果视同是评标委员会的工作成果，并由评标委员会以书面方式追加对清标工作小组的授权，书面授权委托书必须由评标委员会全体成员签名。

③投标人接到评标委员会发出的问题澄清通知后，应按评标委员会的要求提供书面澄清资料并按要求进行密封，在规定的时间递交到指定地点。投标人递交的书面澄清资料由评标委员会开启。

（二）初步评审

1. 形式评审

评标委员会根据评标办法前附表中规定的评审因素和评审标准，对投标人的投标文件进行形式评审。

2. 资格评审

①评标委员会根据评标办法前附表中规定的评审因素和评审标准，对投标人的投标文件进行资格评审。

②当投标人资格预审申请文件的内容发生重大变化时，评标委员会依据资格预审文件中规定的标准和方法，对照投标人在资格预审阶段递交的资格预审文件中的资料以及在投标文件中更新的资料，对其更新的资料进行评审（适用于已进行资格预审的）。其中：

资格预审采用"合格制"的，投标文件中更新的资料应当符合资格预审文件中规定的审查标准，否则其投标作为废标处理；

资格预审采用"有限数量制"的，投标文件中更新的资料应当符合资格预审文件中规定的审查标准，其中以评分方式进行审查的，其更新的资料按照资格预审文件中规定的评分标准评分后，其得分应当保证即便在资格预审阶段仍然能够获得投标资格，且没有对未通过资格预审的其他资格预审申请人构成不公平，否则其投标作为废标处理。

3. 响应性评审

①评标委员会根据评标办法规定的评审因素和评审标准，对投标人的投标文件进行响应性评审。

②投标人投标价格不得超出（不含等于）按照规定计算的"拦标价"，凡投标人的投标价格超出"拦标价"的，该投标人的投标文件不能通过响应性评审（适用于设立拦标

价的情形）。

③投标人投标价格不得超出（不含等于）按照招标文件"投标人须知"载明的招标控制价，凡投标人的投标价格超出招标控制价的，该投标人的投标文件不能通过响应性评审（适用于设立招标控制价的情形）。

4. 施工组织设计和项目管理机构评审

评标委员会根据评标办法前附表中规定的评审因素和评审标准，对投标人的施工组织设计和项目管理机构进行评审。

5. 判断投标是否为废标

评标委员会按招标文件评标办法中规定的初步评审标准对投标文件进行初步评审，有一项不符合评审标准的，作为废标处理。

投标人或其投标文件有下列情形之一的，其投标作为废标处理：

①有招标文件"投标人须知"规定有关废标条件的任何一种情形的；

②有串通投标或弄虚作假或有其他违法行为的；

③不按评标委员会要求澄清、说明或补正的；

④不同投标人的投标文件分部、分项报价错漏一致，且没有合理解释的；

⑤不同投标人的投标文件载明的项目管理班子成员出现同一人的；

⑥不同投标人的投标文件相互混装的；

⑦不同投标人使用同一人或者同一企业资金交纳投标保证金或者投标函的反担保的；

⑧不同投标人聘请同一人为其提供技术或者经济咨询服务的，但招标工程本身要求采用专有技术的除外；

⑨其他不应有的雷同；

⑩其他情况能够证明有陪标行为的；

⑪当投标人资格预审申请文件的内容发生重大变化时，其在投标文件中更新的资料，未能通过资格评审的（适用于已进行资格预审的）；

⑫投标报价文件（投标函除外）未经有资格的工程造价专业人员签字并加盖执业专用章的；

⑬在施工组织设计和项目管理机构评审中，评标委员会认定投标人的投标未能通过此项评审的；

⑭评标委员会认定投标人以低于成本报价竞标的；

⑮投标人未按"投标人须知"规定出席开标会的。

6. 算术错误修正

投标报价有算术错误的，评标委员会按以下原则对投标报价进行修正，并根据算术错误修正结果计算评标价。修正的价格经投标人书面确认后具有约束力。投标人不接受修正价格的，其投标作为废标处理。

①投标文件中的大写金额与小写金额不一致的，以大写金额为准；

②总价金额与依据单价计算出的结果不一致的，以单价金额为准修正总价，但单价金额小数点有明显错误的除外。

（三）详细评审

只有通过了初步评审、被判定为合格的投标方可进入详细评审。

1. 经评审的最低投标价格法详细评审

（1）施工组织设计和项目管理机构评审（技术标）

评标委员会根据评标办法前附表中规定的评审因素和评审标准，对投标人的施工组织设计和项目管理机构进行评审。

（2）价格折算（经济标）

评标委员会根据招标文件评标办法规定的程序、标准和方法，以及算术错误修正结果，对投标报价进行价格折算，计算出评标价。

（3）判断投标报价是否低于成本

评标委员会根据招标文件中规定的程序、标准和方法，判断投标报价是否低于其成本。

由评标委员会认定投标人以低于成本竞标的，其投标作为废标处理。

（4）从业人员资格与业绩评审（综合标）

评标委员会对投标人主要从业人员资格与业绩以及相关资料进行评审并打分。对投标提供的各类资料应与数据库的信息进行核对。

2. 综合评估法详细评审

（1）施工组织设计评审和评分

按照评标办法前附表中规定的分值设定、各项评分因素、评分标准，对施工组织设计进行评审和评分。

（2）项目管理机构评审和评分

按照评标办法前附表中规定的分值设定各项评分因素、评分标准，对项目管理机构进行评审和评分。

（3）投标报价评审和评分

按照评标办法对明显低于其他投标人的投标报价，或者在设有标底时，明显低于标底的投标报价进行评审和评分，判断是否低于其个别成本。

（4）其他因素评审和评分

根据评标办法前附表中规定的分值设定、各项评分因素和相应的评分标准，对其他因素（如果有）进行评审和评分。

（5）汇总评分结果

投标人总得分=技术标得分+商务标得分+信用综合评价得分

评标委员会按照得分高低对投标人进行排序。

（四）澄清、说明或补正

在初步评审和详细评审过程中，评标委员会应当就投标文件中不明确的内容要求投标人进行澄清、说明或者补正。投标人应当根据问题澄清通知要求，以书面形式予以澄清、说明或者补正。

（五）推荐中标候选人或者直接确定中标人

1. 推荐中标候选人

评标完成后，评标委员会应当向招标人提交书面评标报告和中标候选人名单。中标候选人应当不超过3个，并标明排序。

2. 直接确定中标人

招标文件"投标人须知"前附表授权评标委员会直接确定中标人的，评标委员会对有效的投标按照评标价由低至高的次序排列，并确定排名第一的投标人为中标人。

3. 编制及提交评标报告

评标报告应当由评标委员会全体成员签字。对评标结果有不同意见的评标委员会成员应当以书面形式说明其不同意见和理由，评标报告应当注明该不同意见。评标委员会成员拒绝在评标报告上签字又不书面说明其不同意见和理由的，视为同意评标结果。

评标报告应当包括以下内容：

①基本情况和数据表；

②评标委员会成员名单；

③开标记录；

④符合要求的投标一览表；

⑤废标情况说明；

⑥评标标准、评标方法或者评标因素一览表；

⑦经评审的价格一览表（包括评标委员会在评标过程中所形成的所有记载评标结果、结论的表格、说明、记录等文件）；

⑧经评审的投标人排序；

⑨推荐的中标候选人名单（如果招标文件"投标人须知"前附表授权评标委员会直接确定中标人，则为"确定的中标人"）与签订合同前要处理的事宜；

⑩澄清、说明或补正事项纪要。

（六）特殊情况的处置程序

1. 关于评标活动暂停

评标委员会应当执行连续评标的原则，按评标办法中规定的程序、内容、方法、标准完成全部评标工作。只有发生不可抗力导致评标工作无法继续时，评标活动方可暂停。

发生评标暂停情况时，评标委员会应当封存全部投标文件和评标记录，待不可抗力的影响结束且具备继续评标的条件时，由原评标委员会继续评标。

2. 关于评标中途更换评标委员会成员

除非发生下列情况之一，评标委员会成员不得在评标中途更换：

①因不可抗拒的客观原因，不能到场或须在评标中途退出评标活动；

②根据法律法规规定，某个或某几个评标委员会成员需要回避。

退出评标的评标委员会成员，其已完成的评标行为无效。由招标人根据本招标文件规定的评标委员会成员产生方式另行确定替代者进行评标。

3. 记名投票

在任何评标环节中，须评标委员会就某项定性的评审结论做出表决的，由评标委员会全体成员按照少数服从多数的原则，以记名投票方式表决。

第三节 工程定标及签订合同

一、工程定标

（一）确定中标人

定标亦称决标，是指招标人最终确定中标单位的行为。除特殊情况外，评标和定标应当在投标有效期结束日 30 个工作日前完成。招标文件应当载明投标有效期。投标有效期从提交投标文件截止日起计算。

招标人根据评标委员会提出的书面评标报告和推荐的中标候选人确定中标人，也可以授权评标委员会直接确定中标人。在确定中标人之前，招标人不得与投标人就投标价格、投标方案等实质性内容进行谈判。

国有资金占控股或者主导地位的依法必须进行招标的项目，招标人应当确定排名第一的中标候选人为中标人。排名第一的中标候选人放弃中标、因不可抗力不能履行合同、招标文件规定应当提交履约保证金而在规定的期限内未能提交，或者被查实存在影响中标结果的违法行为等情形，不符合中标条件的，招标人可以按照评标委员会提出的中标候选人名单排序依次确定其他中标候选人为中标人。依次确定其他中标候选人与招标人预期差距较大，或者对招标人明显不利的，招标人可以重新招标。

招标人可以授权评标委员会直接确定招标人，国务院对招标人的确定另有规定的，从其规定。

（二）中标结果公示

依法必须进行招标的项目，招标人应当自收到评标报告之日起 3 日内公示中标候选人，公示期不得少于 3 日。中标结果公示应包括以下内容：

①招标人名称；

②工程名称；

③结构类型；

④工程规模；

⑤招标方式；

⑥中标价；

⑦开标时间；

⑧中标人名称；

⑨公示开始时间；

⑩公示结束时间。

投标人或者其他利害关系人对依法必须进行招标的项目的评标结果有异议的，应当在中标候选人公示期间提出。招标人应当自收到异议之日起 3 日内做出答复；做出答复前，应当暂停招标投标活动。

（三）中标结果备案

招标人自确定中标人之日起 15 天内，向有关行政监督部门提交招标投标情况的书面报告。

（四）违约责任

招标人不按照规定确定中标人的，由有关行政监督部门责令改正，可以处中标项目金额10‰以下的罚款；给他人造成损失的，依法承担赔偿责任；对单位直接负责的主管人员和其他直接责任人员依法给予处分。

二、发出中标通知书

中标人确定后，招标人应当向中标人发出中标通知书，同时通知未中标人，中标通知书对招标人和中标人具有法律约束力。

招标人无正当理由不发出中标通知书或中标通知书发出后无正当理由改变中标结果的，由有关行政监督部门责令改正，可以处中标项目金额10‰以下的罚款；给他人造成损失的，依法承担赔偿责任；对单位直接负责的主管人员和其他直接责任人员依法给予处分。

三、签订合同

（一）合同签订

招标人和中标人应当在投标有效期内并在自中标通知书发出之日起30日内，按照招标文件和招标人的投标文件订立书面合同。合同的标的、价款、质量、履行期限等主要条款应当与招标文件和中标人的投标文件的内容一致。招标人和中标人不得再行订立背离合同实质性内容的其他协议。

（二）投标保证金和履约保证

1. 投标保证金的退还

招标人最迟应在与中标人签订合同后5日内，向中标人和未中标的投标人退还投标保证金及银行同期存款利息。

2. 提交履约保证

招标文件要求中标人提交履约保证金的，中标人应当按照招标文件提交。履约保证金不得超过中标合同金额的10%。若中标人不能按时提供履约保证，可以视为投标人违约，没收其投标保证金，招标人再与下一位候选中标人商签合同。招标人要求中标人提供履约保证金或其他形式履约担保的，招标人应当同时向中标人提供工程款支付担保。

第四节 工程招投标活动投诉的处理

一、工程招标投标活动的违规行为

（一）中标无效

有下列情形之一的，中标无效，给他人造成损失的，依法承担赔偿责任。其中依法必须进行施工招标的项目，应当依照《招标投标法》规定的中标条件，从其余投标人中重新确定中标人或者依照《招标投标法》的规定重新招标：

①招标代理机构违反《招标投标法》规定，泄露应当保密的与招标投标活动有关的情况和资料的，或者与招标人、投标人串通损害国家利益、社会公共利益或者他人合法权益的，以上行为影响中标结果，并且中标人为以上行为的受益人的；

②依法必须进行招标的项目的招标人向他人透露已获取招标文件的潜在投标人的名称、数量或者可能影响公平竞争的有关招标投标的其他情况的，或者泄露标的，其行为影响中标结果，并且中标人为以上行为的受益人的；

③投标人相互串通投标或者与招标人串通投标的，投标人以向招标人或者评标委员会成员行贿手段谋取中标的；

④投标人以他人名义投标或者以其他方式弄虚作假，骗取中标的；

⑤依法必须进行招标的项目，招标人违反《招标投标法》规定，与投标人就投标价格、投标方案等实质性内容进行谈判的，以上行为影响中标结果的；

⑥招标人在评标委员会依法推荐的中标候选人以外确定中标人的，依法必须进行招标的项目在所有投标被评标委员会否决后自行确定中标人的。

（二）串通投标

1. 投标人的串通投标

《招标投标法实施条例》第三十九条规定，有下列情形之一的，属于投标人相互串通投标：

①投标人之间协商投标报价等投标文件的实质性内容；

②投标人之间约定中标人；

③投标人之间约定部分投标人放弃投标或者中标；

④属于同一集团、协会、商会等组织成员的投标人按照该组织要求协同投标；

⑤投标人之间为谋取中标或者排斥特定投标人而采取的其他联合行动。

以上是从主体行为意识和目的界定串标。

2. 投标人串通投标的情形

《招标投标法实施条例》第四十条规定，有下列情形之一的，视为投标人相互串通投标：

①不同投标人的投标文件由同一单位或者个人编制；

②不同投标人委托同一单位或者个人办理投标事宜；

③不同投标人的投标文件载明的项目管理成员为同一人；

④不同投标人的投标文件异常一致或者投标报价呈规律性差异；

⑤不同投标人的投标文件相互混装；

⑥不同投标人的投标保证金从同一单位或者个人的账户转出。

出现上述客观事实结果，无条件视为串标。

3. 招标人与投标人串通投标

《招标投标法实施条例》第四十一条规定，有下列情形之一的，属于招标人与投标人串通投标：

①招标人在开标前开启投标文件并将有关信息泄露给其他投标人；

②招标人直接或者间接向投标人泄露标底、评标委员会成员等信息；

③招标人明示或者暗示投标人压低或者抬高投标报价；

④招标人授意投标人撤换、修改投标文件；

⑤招标人明示或者暗示投标人为特定投标人中标提供方便；

⑥招标人与投标人为谋求特定投标人中标而采取的其他串通行为。

以上六条是从主体行为意识目的以及事实结果两方面界定双方串标。

（三）弄虚作假

使用通过受让或者租借等方式获取的资格、资质证书投标的，属于《招标投标法》第三十三条规定的以他人名义投标。

投标人有下列情形之一的，属于《招标投标法》第三十三条规定的以其他方式弄虚作假的行为：

①使用伪造、变造的许可证件；

②提供虚假的财务状况或者业绩；

③提供虚假的项目负责人或者主要技术人员简历、劳动关系证明；

④提供虚假的信用状况；

⑤其他弄虚作假的行为。

投标人以他人名义投标或者以其他方式弄虚作假骗取中标的，中标无效；构成犯罪的，依法追究刑事责任；尚不构成犯罪的，依照《招标投标法》第五十四条的规定处罚。依法必须进行招标的项目的投标人未中标的，对单位的罚款金额按照招标项目合同金额依照《招标投标法》规定的比例计算。

投标人有下列行为之一的，属于《招标投标法》第五十四条规定的情节严重行为，由有关行政监督部门取消其 1 年至 3 年内参加依法必须进行招标的项目的投标资格：

①伪造、变造资格、资质证书或者其他许可证件骗取中标；

②3 年内 2 次以上使用他人名义投标；

③弄虚作假骗取中标给招标人造成直接经济损失 30 万元以上；

④其他弄虚作假骗取中标情节严重的行为。

投标人自本条第②款规定的处罚执行期限届满之日起 3 年内又有该款所列违法行为之一的，或者弄虚作假骗取中标情节特别严重的，由工商行政管理机关吊销营业执照。

《招标投标法》第五十四条规定，投标人弄虚作假给招标人造成损失的，依法承担民事赔偿责任。为此，招标文件可以事先约定发生上述行为者，不退还投标保证金。

（四）有关评标的违法、违规行为及其处理规则

1. 违法组建评标委员会

依法必须进行招标的项目的招标人不按照规定组建评标委员会，或者确定、更换评标委员会成员违反《招标投标法》和《招投标法实施条例》规定的，由有关行政监督部门责令改正，可以处 10 万元以下的罚款，对单位直接负责的主管人员和其他直接责任人员依法给予处分；违法确定或者更换的评标委员会成员做出的评审结论无效，依法重新进行评审。

国家工作人员以任何方式非法干涉选取评标委员会成员的，依照《招投标法实施条例》第八十一条的规定追究法律责任。

2. 评标成员违规行为

评标委员会成员有下列行为之一的，由有关行政监督部门责令改正；情节严重的，禁

止其在一定期限内参加依法必须进行招标的项目的评标；情节特别严重的，取消其担任评标委员会成员的资格：

①应当回避而不回避；

②擅离职守；

③不按照招标文件规定的评标标准和方法评标；

④私下接触投标人；

⑤向招标人征询确定中标人的意向或者接受任何单位或者个人明示或者暗示提出的倾向或者排斥特定投标人的要求；

⑥对依法应当否决的投标不提出否决意见；

⑦暗示或者诱导投标人做出澄清、说明或者接受投标人主动提出的澄清、说明；

⑧其他不客观、不公正履行职务的行为。

3. 评标成员收受贿赂

评标委员会成员收受投标人的财物或者其他好处的，没收收受的财物，处 3000 元以上 5 万元以下的罚款，取消担任评标委员会成员的资格，不得再参加依法必须进行招标的项目的评标；构成犯罪的，依法追究刑事责任。

（五）有关中标的违法违规行为及其处理规则

1. 中标人违规行为及处理

中标人无正当理由不与招标人订立合同，在签订合同时向招标人提出附加条件，或者不按照招标文件要求提交履约保证金的，取消其中标资格，投标保证金不予退还。对依法必须进行招标的项目的中标人，由有关行政监督部门责令改正，可以处中标项目金额 10‰以下的罚款。

2. 招标人违规行为及处理

招标人和中标人不按照招标文件和中标人的投标文件订立合同，合同的主要条款与招标文件、中标人的投标文件的内容不一致，或者招标人、中标人订立背离合同实质性内容的协议的，由有关行政监督部门责令改正，可以处中标项目金额 5‰以上 10‰以下的罚款。

3. 中标人违约行为及处理

中标人将中标项目转让给他人的，将中标项目肢解后分别转让给他人的，违反《招标投标法》和《招投标法实施条例》规定将中标项目的部分主体、关键性工作分包给他人的，或者分包人再次分包的，转让、分包无效，处转让、分包项目金额5‰以上10‰以下的罚款；有违法所得的，并处没收违法所得；可以责令停业整顿；情节严重的，由工商行政管理机关吊销营业执照。

二、投诉主体

投标人和其他利害关系人认为招标投标活动不符合法律、法规和规章规定的，有权依法向有关行政监督部门投诉。其他利害关系人是指投标人以外的，与招标项目或者招标活动有直接和间接利益关系的法人、其他组织和个人。

投诉人应当在知道或者应当知道其权益受到侵害之日起10日内提出书面投诉。

投诉人可以直接投诉，也可以委托代理人办理投诉事务。代理人办理投诉事务时，应将授权委托书连同投诉书一并提交给行政监督部门。授权委托书应当明确有关委托代理权限和事项。

三、投诉书的编写内容

投诉书的编写内容如下：

①投诉人的名称、地址及有效联系方式；

②被投诉人的名称、地址及有效联系方式；

③投诉事项的基本事实；

④相关请求及主张；

⑤有效线索和相关证明材料。

投诉人是法人的，投诉书必须由其法定代表人或者授权代表签字并盖章；其他组织或者个人投诉的，投诉书必须由其主要负责人或者投诉人本人签字，并附有效身份证明复印件。

投诉书有关材料是外文的，投诉人应当同时提供其中文译本。

四、投诉受理

投诉人就同一事项向两个以上有权受理的行政监督部门投诉的，由最先收到投诉的行政监督部门负责处理。行政监督部门收到投诉书后，应当在3个工作日内进行审查，视情况分别做出以下处理决定：

①不符合投诉处理条件的，决定不予受理，并将不予受理的理由书面告知投诉人；

②对符合投诉处理条件，但不属于本部门受理的投诉，书面告知投诉人向其他行政监

督部门提出投诉；

③对于符合投诉处理条件并决定受理的，收到投诉书之日即为正式受理。

有下列情形之一的投诉，不予受理：

①投诉人不是所投诉招标投标活动的参与者，或者与投诉项目无任何利害关系；

②投诉事项不具体，且未提供有效线索，难以查证的；

③投诉书未署具投诉人真实姓名、签字和有效联系方式的；以法人名义投诉的，投诉书未经法定代表人签字并加盖公章的；

④超过投诉时效的；

⑤已经做出处理决定，并且投诉人没有提出新的证据的；

⑥投诉事项已进入行政复议或者行政诉讼程序的。

行政监督部门负责投诉处理的工作人员，有下列情形之一的，应当主动回避：

①近亲属是被投诉人、投诉人或者是被投诉人、投诉人的主要负责人；

②近三年内本人曾经在被投诉人单位担任高级管理职务；

③与被投诉人、投诉人有其他利害关系，可能影响对投诉事项公正处理的。

行政监督部门受理投诉后，应当调取、查阅有关文件，调查、核实有关情况。对情况复杂、涉及面广的重大投诉事项，有权受理投诉的行政监督部门可以会同其他有关的行政监督部门进行联合调查，共同研究后由受理部门做出处理决定。

行政监督部门调查取证时，应当由两名以上行政执法人员进行，并做笔录，交被调查人签字确认。在投诉处理过程中，行政监督部门应当听取被投诉人的陈述和申辩，必要时可通知投诉人和被投诉人进行质证。

五、投诉书的撤回

投诉处理决定做出前，投诉人要求撤回投诉的，应当以书面形式提出并说明理由，由行政监督部门视以下情况，决定是否准予撤回：

①已经查实有明显违法行为的，应当不准撤回，并继续调查直至做出处理决定；

②撤回投诉不损害国家利益、社会公共利益或者其他当事人合法权益的，应当准予撤回，投诉处理过程终止。投诉人不得以同一事实和理由再提出投诉。

六、投诉处理

行政监督部门应当自收到投诉之日起 3 个工作日内决定是否受理投诉，并自受理投诉之日起 30 个工作日内做出书面处理决定；需要检验、检测、鉴定、专家评审的，所需时间不计算在内。

投诉人捏造事实、伪造材料或者以非法手段取得证明材料进行投诉的，行政监督部门应当予以驳回。

投诉处理决定应当包括下列主要内容：

①投诉人和被投诉人的名称、住址；

②投诉人的投诉事项及主张；

③被投诉人的答辩及请求；

④调查认定的基本事实；

⑤行政监督部门的处理意见及依据。

行政监督部门应当建立投诉处理档案，并做好保存和管理工作，接受有关方面的监督检查。

七、责任追究

行政监督部门在处理投诉过程中，发现被投诉人单位直接负责的主管人员和其他直接责任人员有违法、违规或者违纪行为的，应当建议其行政主管机关、纪检监察部门给予处分；情节严重构成犯罪的，移送司法机关处理。

对招标代理机构有违法行为，且情节严重的，依法暂停直至取消招标代理资格。

当事人对行政监督部门的投诉处理决定不服或者行政监督部门逾期未做处理的，可以依法申请行政复议或者向人民法院提起行政诉讼。

投诉人故意捏造事实、伪造证明材料的，属于虚假恶意投诉，由行政监督部门驳回投诉，并给予警告；情节严重的，可以并处一万元以下罚款。

行政监督部门工作人员在处理投诉过程中徇私舞弊、滥用职权或者玩忽职守，对投诉人打击报复的，依法给予行政处分；构成犯罪的，依法追究刑事责任。

行政监督部门在处理投诉过程中，不得向投诉人和被投诉人收取任何费用。

对于性质恶劣、情节严重的投诉事项，行政监督部门可以将投诉处理结果在有关媒体上公布，接受舆论和公众监督。

第五章　房屋与市政建设工程其他招投标

第一节　建设工程监理招投标

一、建设工程监理招投标概述

（一）建设工程监理及其范围

1. 建设工程监理

建设工程监理是指监理单位受项目法人的委托，依据国家批准的工程项目建设文件，有关工程建设的法律、法规和工程建设监理合同及其他工程建设合同，对工程建设实施的监督管理。建设工程监理的主要内容是控制工程建设的投资、建设工期和工程质量，进行工程建设合同管理，协调有关单位间的工作关系。项目法人一般通过招标投标方式择优选定监理单位，项目监理招标宜在相应的工程勘察、设计、施工、设备和材料招标活动开始前完成。

2. 建设工程监理的招标范围

《中华人民共和国招标投标法》第三条规定，在中华人民共和国境内进行下列工程建设项目监理活动的必须进行招标：

①大型基础设施、公用事业等关系社会公共利益、公众安全的项目；

②全部或者部分使用国有资金投资或者国家融资的项目；

③使用国际组织或者外国政府贷款、援助资金的项目；

④监理服务的采购，单项合同估算价在 100 万元人民币以上的项目。

根据建设部《建设工程监理范围和规模标准规定》，下列建设工程必须实行监理：

（1）国家重点建设工程

国家重点建设工程是指依据《国家重点建设项目管理办法》所确定的对国民经济和社会发展有重大影响的骨干项目。

（2）大型公用事业工程

不属于《中华人民共和国招标投标法》规定的必须进行招标的项目②、③条规定的大型公用事业等关系社会公共利益、公众安全的项目，必须招标的具体范围由国务院发展改革部门会同国务院有关部门按照确有必要、严格限定的原则制定，报国务院批准。

（3）成片开发建设的住宅小区工程

建筑面积在 5 万平方米以上的住宅建设工程必须实行监理；5 万平方米以下的住宅建设工程可以实行监理，具体范围和规模标准由省、自治区、直辖市人民政府建设行政主管部门规定。

（4）利用外国政府或者国际组织贷款、援助资金的工程

指使用世界银行、亚洲开发银行等国际组织贷款、援助资金的项目，以及使用外国政府及其机构贷款、援助资金的项目。

（5）国家规定必须实行监理的其他工程

《必须招标的工程项目规定》中规定范围的项目，其监理服务的单项合同估算价在 100 万元人民币以上的项目，必须招标。

（二）建设工程监理招投标主体

建设工程项目监理招标投标活动应当遵循公开、公平、公正和诚实信用的原则，其招标工作由招标人负责，任何单位和个人不得以任何方式方法干涉建设工程项目监理招标投标活动。

1. 建设工程监理招标主体

建设工程项目监理招标的主体是承建招标项目的建设单位，又称业主招标人。招标人可以自行组织监理招标，也可以委托招标代理机构组织招标。招标人自行办理项目监理招标事宜时，应当按有关规定履行核准手续。招标人委托招标代理机构组织招标时，该代理机构不得参加或代理该项目监理的投标。

2. 建设工程监理投标主体

参加投标的监理单位首先应当是取得监理资质证书，具有法人资格的监理公司、监理事务所，或兼承监理业务的工程设计、科学研究及工程建设咨询的单位，同时必须具有与招标工程规模相适应的资质等级。

从事建设工程监理活动的企业应当按照《工程监理企业资质管理规定》取得工程监理企业资质，并在工程监理企业资质证书许可的范围内从事工程监理活动。资质等级是经各级建设行政主管部门按照监理单位的人员素质、资金数量、专业技能、管理水平及监理业

绩的不同而审批核定的。我国工程监理企业资质分为综合资质、专业资质和事务所资质。其中，专业资质按照工程性质和技术特点划分为若干工程类别，综合资质、事务所资质不分级别。专业资质分为甲级、乙级；其中，房屋建筑、水利水电、公路和市政公用专业资质可设立丙级。

综合资质可以承担所有专业工程类别建设工程项目的工程监理业务。专业甲级资质可承担相应专业工程类别建设工程项目的工程监理业务，专业乙级资质可承担相应专业工程类别二级以下（含二级）建设工程项目的工程监理业务，专业丙级资质可承担相应专业工程类别三级建设工程项目的工程监理业务。事务所资质可承担三级建设工程项目的工程监理业务，但国家规定必须实行强制监理的工程除外。

3. 建设工程监理监管主体

国务院建设行政主管部门负责全国建设监理招标投标的管理工作，各省、市、自治区及工业、交通部门建设行政管理机构负责本地区、本部门建设监理招标投标管理工作，各地区、各部门建设工程招标投标管理办公室对建设工程监理项目招标投标活动实施监督管理。

（三）建设工程监理招标方式

建设工程监理招标的方式分为公开招标和邀请招标两种。全部使用国有资金投资、国有资金占控股或主导地位的项目，应该进行公开招标。对于技术复杂或者有特殊要求的项目、符合条件的潜在投标人数量有限的项目、受自然地域环境限制的项目、公开招标的费用与工程监理费用相比所占比例过大的项目、法律法规规定不宜公开招标的项目，经有审批权的建设行政主管部门批准后，可以进行邀请招标。

（四）建设工程监理招标特点

工程监理属于咨询服务行业，专业性很强，这就决定了工程监理招标与工程施工招标相比具有不同的特点。

建设工程监理招标的标的是"监理服务"，与勘察设计、施工承包、货物采购等其他各类招标的最大区别为：监理单位不承担物质生产任务，监理单位不直接产出新的物质成果或信息成果，而是受项目业主委托对工程建设活动过程依法提供监督、管理、协调、咨询等服务。监理工作是智力服务，监理招标应该引导监理投标单位注重素质能力的竞争，而不是价格竞争，招标人选择中标人的基本原则是"基于能力的选择"。

1. 建设工程项目监理招标的特点

建设工程监理招标有以下特点：

（1）邀请投标人数量较少

选择监理单位通常采用邀请招标，且邀请数量以 3~5 家为宜。由于监理招标是对知识、技能和经验等方面综合能力的选择，每一份标书内都会提出具有独特见解或创造性的实施建议，但又各有长处和短处。如果参与竞争的投标人过多，不仅评标工作量大，而且定标后还要给予未中标人一定补偿费，与其择优选择中标人的目的相比往往事倍功半。

（2）招标宗旨是对监理单位能力的选择

监理服务是监理单位的高智能投入，服务工作完成得好坏，不仅依赖于执行监理业务是否遵循了规范化的管理程序和方法，更多地取决于参与监理单位工作人员的业务专长、经验、判断能力、创新想象力及风险意识。所以招标选择监理单位时，鼓励的是能力竞争，而不是价格竞争。若对监理单位的资质和能力不给予足够重视，只依据报价高低确定中标人，就忽视了高质量服务，报价最低的投标人不一定就是最能胜任工作者。

（3）报价在选择中居于次要地位

工程项目的施工、物资供应招标选择中标人的原则是，在技术上达到要求标准的前提下，主要考虑价格的竞争性。而监理招标对能力的选择放在第一位，因为当价格过低时监理单位很难把招标人的利益放在第一位，为了维护自己的经济利益采取减少监理人员数量或多派业务水平低、工资低的人员，其后果必然导致对工程项目的损害。但从另一个角度来看，服务质量与价格之间应有相应的平衡关系，所以招标人应在能力相当的投标人之间再进行价格比较。

2. 建设工程项目监理招标与施工招标的区别

（1）任务范围

监理招标的招标文件或邀请函中提出的任务范围不是已确定的合同条件，只是合同谈判的一项内容，投标人往往会对其提出改进意见；施工招标的招标文件中的工作内容是正式的合同条件，双方都无权更改，只能在必要时按规定予以澄清。

（2）邀请范围

监理招标一般不发招标公告，发包人可开列短名单，且只向短名单内的监理公司发出邀请函。施工招标如采用公开招标方式，要发布招标广告（而不是在小范围内直接邀请），并进行资格预审；采用邀请招标的方式时其范围也较宽，且要进行资格后审。

（3）标底

监理招标一般不编制标底，施工招标可以自行选择是否编制标底。

（4）选择原则

在选择投标单位时，监理招标一般以技术方面的评审为主，选择最佳的监理公司，不应以价格最低为主要标准；施工招标则是以技术上达到标准为前提，将合同授予经评审价格最低的投标单位。

（5）投标书的编制要求

监理招标可以对招标文件中的任务大纲提出修改意见，提出技术性或建设性的建议；施工招标则必须要求按招标文件中要求的格式和内容填写投标书，不符合规定要求即为废标。

二、建设工程监理招投标程序

（一）建设工程监理的招标程序

建设工程项目进行监理招标时，应当按照下列程序进行：

①招标人组建招标班子，确定监理招标范围；自行进行招标的，在规定时间内到招投标管理机构办理备案手续。

②招标人确定招标方式。明确采用公开招标还是邀请招标。

③招标人编制招标文件，采用资格预审的同时编制资格预审文件。

④发布招标公告、资格预审公告或投标邀请书。

⑤发售资格预审文件或招标文件，发售期不得少于5日。如采用资格预审，对投标人提交的资格预审申请文件进行审查后，将资格预审结果通知所有参加资格预审的潜在投标人，并向通过资格预审的潜在投标人发出投标邀请书和发售招标文件。

⑥招标人自行决定是否组织投标人考察招标项目工程现场，召开标前会议。

⑦在招标公告规定的时间和地点接收投标人的投标文件。

⑧招标人组织开标、评标。采用资格后审方式的，由评标委员会对投标人进行资格审查。评标委员会向招标人提交评标报告并推荐中标候选人。

⑨招标人确定中标人后向招投标管理机构提交书面报告进行备案。

⑩招标人发出中标通知书和中标结果通知书。

⑪招标人与中标人签订监理合同。

（二）建设工程监理的投标程序

监理企业在获取招标信息、进行投标时，应当按照下列程序进行：

①监理企业组建投标班子，进行投标前准备工作。

②投标人购买资格预审文件，参加资格预审。

③通过资格预审的投标人购买招标文件。

④投标人分析招标文件，参加现场踏勘和投标预备会。

⑤投标人编制投标文件并递交投标文件。

⑥投标人参加开标，并应评标委员会的要求进行投标文件的澄清和修改。

⑦中标的投标人接收中标通知书，与招标人签订监理合同；未中标的投标人接收中标结果通知书。

(三) 建设工程监理的资格审查

招标人通过资格审查缩小潜在投标人的范围，资格审查包括资格预审和资格后审两种方式。无论是采用公开招标还是采用邀请招标，资格审查工作都是必需的。这个过程主要是考查投标人的资格条件、经验条件、资源条件、公司信誉、承建新项目的监理能力和财务状况等几个方面是否能满足招标监理工程的要求。

1. 资质条件

包括资质等级、营业执照注册范围、隶属关系、公司组成形式及所在地、法人条件和公司章程，考查投标企业的专业资质等级能否满足招标工程监理业务的专业和等级要求。

2. 经验条件

包括已监理过的工程项目、已监理过的与招标工程类似的工程项目的监理质量业绩及监理效果。

3. 资源条件

包括监理企业和拟派往工程建设项目的人员情况（包括人员的规模、素质、专业结构比例、职业资格和结构比例等），还包括开展正常监理工作可采用的检测方法和手段、使用计算机软件的管理能力。

4. 公司信誉

监理单位在专业方面的名望、地位，在以往服务过的工程项目中的信誉，是否能全心全意地与业主和承建人合作。

5. 承建新项目的监理能力

考查投标单位正在进行监理工作工程项目的数量、规模，正在进行监理工作各项目的开工和预计竣工时间，从而估计其能用于拟建项目监理工作的富余力量。

6. 财务状况

指经会计师事务所或审计机构审计的财务会计报表，包括资产负债表、现金流量表、利润表和财务情况说明书，还有银行的信誉等级、资产状况和利润率等。

资格审查合格的单位应均有能力和资格完成招标工程的监理工作。

监理招标的资格预审可以首先以会谈的形式对监理单位的主要负责人或拟派驻的总监理工程师进行考查，然后再让其报送相应的资格材料。与初选各家公司会谈后，再对各家的资质进行评审和比较，确定邀请投标的监理公司名单。初步审查还只限于对邀请对象的资质、能力是否与拟实施项目特点相适应的总体考查，而不是评定其准备实施该项目监理工作的建议是否可行、适用。为了能够对监理单位有较深入全面的了解，应通过以下方法收集有关信息：索取监理公司的情况介绍资料，与其高级管理人员交谈，向其已监理过工程的发包人咨询，考查他们已监理过的工程项目。

（四）建设工程监理的开标、评标

1. 开标

（1）开标的时间和地点

招标人在招标文件的投标人须知前附表中规定的投标截止时间（开标时间）和地点公开开标，所有投标人的法定代表人或其委托代理人须准时参加。招标人在招标文件的投标人须知前附表中规定的投标截止时间（开标时间）通过电子招标投标交易平台公开开标，所有投标人的法定代表人或其委托代理人应当准时参加。

（2）开标异议和无效标书

投标人对开标有异议的，应当在开标现场提出，招标人当场做出答复，并制作记录。

所有投标人的法定代表人或其委托代理人在开标中，属于下列情况之一的，按无效标书处理：投标人未按时参加开标会，或虽参加会议但无有效证件；投标书未按规定的方式密封；唱标时弄虚作假，更改投标书内容；监理费报价低于国家规定的下限。

2. 评标

评标活动应遵循公平、公正、科学和择优的原则。评标活动由招标人依法组建的评标委员会负责。评标委员会由招标人或其委托的招标代理机构熟悉相关业务的代表，以及有关技术、经济等方面的专家组成。评标委员会成员人数以及技术、经济等方面专家的确定方式由招标人在招标文件的投标人须知前附表中确定。

评标过程中，评标委员会成员有回避事由、擅离职守或者因健康等原因不能继续评标的，招标人有权更换。被更换的评标委员会成员做出的评审结论无效，由更换后的评标委员会成员重新进行评审。

评标委员会按照招标文件中"评标办法"规定的方法、评审因素、标准和程序对投标文件进行评审。"评标办法"没有规定的方法、评事因素和标准，不作为评标依据。评标完成后，评标委员会应当向招标人提交书面评标报告和中标候选人名单。

三、建设工程监理招标文件

招标文件是投标人进行投标报价、获取监理合同的主要依据。《中华人民共和国标准监理招标文件（2017 年版）》（简称《标准文件》）范本共三卷六部分内容：第一卷包括招标公告、投标邀请书、投标人须知、评标办法、合同条款及格式，第二卷主要是委托人要求，第三卷为投标文件格式。

其中，《标准文件》中的"投标人须知"（投标人须知前附表和其他附表除外）、"评标办法"（评标办法前附表除外）、"通用合同条款"，应当不加修改地引用。

投标人须知前附表用于进一步明确"投标人须知"正文中的未尽事宜，招标人应结合招标项目具体特点和实际需要编制和填写，但不得与"投标人须知"正文内容相抵触，否则抵触内容无效。评标办法前附表用于明确评标的方法、因素、标准和程序。招标人应根据招标项目具体特点和实际需要，详细列明全部审查或评审因素、标准，没有列明的因素和标准不得作为评标的依据。招标人可根据招标项目的具体特点和实际需要，在"专用合同条款"中对《标准文件》中的"通用合同条款"进行补充、细化和修改，但不得违反法律、行政法规的强制性规定，以及平等、自愿、公平和诚实信用原则，否则相关内容无效。

（一）招标公告或投标邀请书

1. 内容

招标公告或投标邀请书应当至少列明下列内容：

①招标人的名称和地址；

②监理项目的内容、规模、资金来源；

③监理项目的实施地点和服务期；

④获取招标文件或者资格预审文件的地点和时间；

⑤对招标文件或者资格预审文件收取的费用；

⑥对投标人的资质等级的要求；

⑦招标人认为应当公告或者告知的其他事项。

2. 格式

依法实施公开招标的建设工程项目监理招标，招标人或受委托的招标代理机构应该在指定媒介上发布招标公告。依法实施邀请招标的建设工程项目招标人或其委托的招标代理机构向拟邀请的投标人发送投标邀请招标公告、投标邀请书的一般格式与施工招标类似。

3. 发布要求

国家发展改革委根据招标投标法律法规规定，对依法必须招标项目招标公告和公示信息发布媒介的信息发布活动进行监督管理。省级发展改革部门对本行政区域内招标公告和公示信息发布活动依法进行监督管理。省级人民政府另有规定的，从其规定。

（二）投标人须知

投标人须知包括投标人须知前附表和投标人须知正文两部分内容，是用来指导投标人正确投标的，一般包括：

1. 总则

包括招标项目概况，招标项目的资金来源和落实情况，招标范围、监理服务期限和质量标准，投标人资格要求，费用承担，保密，语言文字，计量单位，踏勘现场，投标预备会，分包，响应和偏差等内容。

2. 招标文件

包括招标文件的组成、澄清、修改和异议。

（1）招标文件的澄清

投标人应仔细阅读和检查招标文件的全部内容。如发现缺页或附件不全，应及时向招标人提出，以便补齐。如有疑问，应按投标人须知前附表规定的时间和形式将提出的问题送达招标人，要求招标人对招标文件予以澄清。

招标文件的澄清以投标人须知前附表规定的形式发给所有购买招标文件的投标人，但不指明澄清问题的来源。澄清发出的时间距投标截止时间不足 15 日，且澄清内容可能影响投标文件编制的，将相应延长投标截止时间。

投标人在收到澄清后，应按投标人须知前附表规定的时间和形式通知招标人，确认已收到该澄清。除非招标人认为确有必要答复，否则招标人有权拒绝回复投标人在规定的时间后的任何澄清要求。

（2）招标文件的修改

招标人以投标人须知前附表规定的形式修改招标文件，并通知所有已购买招标文件的投标人。修改招标文件的时间距投标截止时间不足 15 日，且修改内容可能影响投标文件编制的，将相应延长投标截止时间。

投标人收到修改内容后，应按投标人须知前附表规定的时间和形式通知招标人，确认已收到该修改。

（3）招标文件的异议

投标人或者其他利害关系人对招标文件有异议的，应当在投标截止时间 10 日前以书面形式提出。招标人将在收到异议之日起 3 日内做出答复；做出答复前，将暂停招标投标活动。

3. 合同授予

包括中标候选人公示、评标结果异议、中标候选人履约能力审查、定标、中标通知、履约保证金和签订合同等内容。

（1）中标候选人公示

招标人在收到评标报告之日起 3 日内，按照投标人须知前附表规定的公示媒介和期限公示中标候选人，公示期不得少于 3 天。

（2）评标结果异议

投标人或者其他利害关系人对评标结果有异议的，应当在中标候选人公示期间提出。招标人将在收到异议之日起 3 日内做出答复；做出答复前，将暂停招标投标活动。

（3）中标候选人履约能力审查

中标候选人的经营、财务状况发生较大变化或存在违法行为，招标人认为可能影响其履约能力的，将在发出中标通知书前提请原评标委员会按照招标文件规定的标准和方法进行审查确认。

（4）定标

按照投标人须知前附表的规定，招标人或招标人授权的评标委员会依法确定中标人。

（5）中标通知

投标有效期内，招标人以书面形式向中标人发出中标通知书，同时将中标结果通知未中标的投标人。

（6）履约保证金

在签订合同前，中标人应按投标人须知前附表规定的形式、金额和格式向招标人提交履约保证金。除投标人须知前附表另有规定外，履约保证金为中标合同金额的 10%。联合体中标的，其履约保证金以联合体各方或者联合体中牵头人的名义提交。

中标人不能按要求提交履约保证金的，视为放弃中标，其投标保证金不予退还；给招标人造成的损失超过投标保证金数额的，中标人还应当对超过部分予以赔偿。

（7）签订合同

招标人和中标人应当在中标通知书发出之日起 30 日内，根据招标文件和中标人的投标文件订立书面合同。中标人无正当理由拒签合同，在签订合同时向招标人提出附加条件，或者不按照招标文件要求提交履约保证金的，招标人有权取消其中标资格，其投标保证金不予退还；给招标人造成的损失超过投标保证金数额的，中标人还应当对超过部分予以赔偿。

发出中标通知书后，招标人无正当理由拒签合同，或者在签订合同时向中标人提出附加条件的，招标人向中标人退还投标保证金；给中标人造成损失的，还应当赔偿损失。

联合体中标的，联合体各方应当共同与招标人签订合同，就中标项目向招标人承担连带责任。

（三）合同条款及格式

包括通用合同条款、专用合同条款和合同附件格式三部分内容。在通用合同条款中除一般约定、委托人义务、委托人管理、合同变更、合同价格与支付、不可抗力、违约和争议的解决外，重点明确提出了监理人的义务、监理的要求、开始监理和完成监理、监理的责任与保险等内容。

监理人的义务阐明了监理人的一般义务、履约保证金的生效要求、联合体投标的规定、对总监理工程师的要求、监理人员如何进行管理、总监理工程师和其他监理人员的撤换、如何保障监理人员的合法权益；监理的要求阐述了监理的范围、监理的依据、监理的工作内容和监理文件的要求；开始监理和完成监理主要阐明了监理服务期限的计算、监理周期的延误和监理文件的编制和移交等内容；监理的责任和保险主要明确了监理责任的主体、建议监理人根据工程情况对监理责任进行保险等内容。

（四）委托人要求

委托人要求应尽可能清晰准确，对于可以进行定量评估的工作，委托人要求不仅应明确规定其功能、用途、质量、环境、安全，并且要规定偏差的范围和计算方法，以及检验、试验、试运行的具体要求。对于监理人负责提供的有关服务，在委托人要求中应一并明确规定。委托人要求通常包括以下内容：

1. 监理要求

主要包括项目概况、监理范围及内容、监理依据、监理人员和试验检测仪器设备要求和一些其他要求。在监理要求中，需要明确项目名称、建设单位、建设规模、项目地理位置、周边环境、树木情况、文物情况、地质地貌、气候及气象条件、道路交通状况、市政情况等内容。

2. 成果文件要求

明确监理成果文件的组成、成果文件的深度、成果文件的格式要求、成果文件的份数要求、成果文件的纸质版要求和电子版要求等内容。

3. 委托人的财产清单

列明委托人提供的设备、设施情况，如委托人提供的办公房屋及冷暖设施（办公室数量及面积、空调等）、委托人提供的设备清单（如电脑、投影、打印机、复印机等）、委托人提供的设施清单（如办公桌椅、文件柜等）。

列明委托人提供的资料，如施工场地及毗邻区域内的供水、排水、供电、供气、供热、通信、广播电视等地下管线资料，气象和水文观测资料，相邻建筑物和构筑物、地下工程的有关资料，以及其他与建设工程有关的原始资料；定位放线的基准点、基准线和基准标高；委托人取得的有关审批、核准和备案材料；勘察文件、设计文件等资料；技术标准、规范，工程承包合同及其他相关合同等资料。

4. 委托人提供的便利条件

明确列明委托人提供的生活条件，交通条件，网络、通信条件和委托人提供的协助人员等便利条件。

5. 委托人需要自备的工作条件

监理人需要自备工作手册，如本项目必备的规范标准、图集等；需要自备的设备，如电脑、软件、投影、打印机、复印机、照相机等；需要自备的交通工具，如出行车辆等；需要自备的现场办公设施，如办公桌椅、文件柜等；需要自备的安全设施，如安全帽、安全鞋、手电筒等；需要自备的试验检测仪器、设备、工具；需要自备的试验用房、样品用房。

（五）监理大纲

监理招标文件中规定监理大纲应该包括监理工程概况，监理范围、监理内容，监理依据、监理工作目标，监理机构设置（框图）、岗位职责，监理工作程序、方法和制度，拟投入的监理人员、试验检测仪器设备，质量、进度、造价、安全、环保监理措施，合同、信息管理方案，组织协调内容及措施，监理工作重点、难点分析，对本工程监理的合理化建议等内容。

四、建设工程监理评标方法

（一）评标办法

监理招标的评标一般采用综合评估法，根据招标项目的特点设定评标因素、标准和评分权重，评标办法一旦确定，不得更改。评标委员会对满足招标文件实质性要求的投标文件，按照评分标准进行打分，并按得分由高到低顺序推荐中标候选人，或根据招标人授权直接确定中标人，但投标报价低于其成本的除外。综合评分相等时，以投标报价低的优先；投标报价也相等的，以监理大纲得分高的优先；如果监理大纲得分也相等，按照评标办法前附表的规定确定中标候选人顺序。

（二）评审标准

1. 初步评审标准

初步评审包括形式评审、资格评审和响应性评审。

形式评审一般评审以下因素：投标人名称、投标函及投标函附录签字盖章、投标文件格式、联合体投标人、备选投标方案等内容。

资格评审一般评审以下因素：营业执照和组织机构代码证、资质要求、财务要求、业绩要求、信誉要求、总监理工程师、其他主要人员、试验检测仪器设备、其他要求等内容。

响应性评审一般评审以下因素：投标报价、投标内容、监理服务期限、质量标准、投标有效期、投标保证金、权利义务和监理大纲等内容。

2. 分值构成与评分标准

分值总分共 100 分，由资信业绩、监理大纲、投标报价和其他评分因素四个部分构成。

资信业绩部分从投标企业的信誉、类似项目业绩，总监理工程师资历和业绩，其他主要人员资历和业绩，拟投入的试验检测仪器设备等方面进行打分评审。监理大纲部分从监理工程概况，监理范围、监理内容、监理依据、监理工作目标、监理机构设置（框图）、岗位职责，监理工作程序、方法和制度，拟投入的监理人员、试验检测仪器设备、质量、进度、造价、安全、环保监理措施，合同、信息管理方案、组织协调内容及措施、监理工作重点、难点分析，对本工程监理的合理化建议等方面进行打分评审。

（三）评标程序

1. 初步评审

评标委员会可以要求投标人提交规定的有关证明和证件的原件，以便核验。评标委员会依据规定的标准对投标文件进行初步评审。有一项不符合评审标准的，评标委员会应当否决其投标。

投标人有以下情形之一的，评标委员会应当否决其投标：投标文件没有对招标文件的实质性要求和条件做出响应，或者对招标文件的偏差超出招标文件规定的偏差范围或最高项数；有串通投标、弄虚作假、行贿等违法行为。

投标报价有算术错误及其他错误的，评标委员会按相应原则要求投标人对投标报价进行修正，并要求投标人书面澄清确认。投标人拒不澄清确认的，评标委员会应当否决其投标。

2. 详细评审

评标委员会按规定的量化因素和分值进行打分，并计算出综合评估得分。评分分值计算保留小数点后两位，小数点后第三位"四舍五入"。评标委员会发现投标人的报价明显低于其他投标报价，使得其投标报价可能低于其个别成本的，应当要求该投标人做出书面说明并提供相应的证明材料。投标人不能合理说明或者不能提供相应证明材料的，评标委员会应当认定该投标人以低于成本报价竞标，并否决其投标。

3. 投标文件的澄清

评标委员会可以书面形式要求投标人对投标文件中含义不明确、对同类问题表述不一致或者有明显文字和计算错误的内容做必要的澄清、说明或补正。澄清、说明或补正应以书面方式进行。评标委员会不接受投标人主动提出的澄清、说明或补正。澄清、说明或补正不得超出投标文件的范围且不得改变投标文件的实质性内容，并构成投标文件的组成部分。

五、建设工程监理投标文件

(一) 投标文件的组成

投标文件应包括下列内容：

①投标函及投标函附录；

②法定代表人身份证明或授权委托书；

③联合体协议书；

④投标保证金；

⑤监理报酬清单；

⑥资格审查资料；

⑦监理大纲；

⑧投标人须知前附表规定的其他资料；

⑨投标人在评标过程中做出的符合法律法规和招标文件规定的澄清确认。

（二）投标报价

投标报价应包括国家规定的增值税税金，除投标人须知前附表另有规定外，增值税税金按一般计税方法计算。投标人应按招标文件中的"投标文件格式"要求在投标函中进行报价并填写监理报酬清单。投标人应充分了解该项目的总体情况以及影响投标报价的其他要素。

投标人在投标截止时间前修改投标函中的投标报价总额，应同时修改投标文件"监理报酬清单"中的相应报价。招标人设有最高投标限价的，投标人的投标报价不得超过最高投标限价，最高投标限价在投标人须知前附表中载明。

（三）投标有效期

除投标人须知前附表另有规定外，投标有效期为90天。在投标有效期内，投标人撤销投标文件的，应承担招标文件和法律规定的责任。出现特殊情况需要延长投标有效期的，招标人以书面形式通知所有投标人延长投标有效期。投标人应予以书面答复，同意延长的，应相应延长其投标保证金的有效期，但不得要求或被允许修改其投标文件；投标人拒绝延长的，其投标失效，但投标人有权收回其投标保证金及以现金或者支票形式递交的投标保证金的银行同期存款利息。

（四）投标保证金

投标人在递交投标文件的同时，应按投标人须知前附表规定的金额、形式和投标文件格式规定的投标保证金格式递交投标保证金，并作为其投标文件的组成部分。投标人不按要求提交投标保证金的，评标委员会将否决其投标。

境内投标人以现金或者支票形式提交的投标保证金，应当从其基本账户转出并在投标文件中附上基本账户开户证明。联合体投标的，其投标保证金可以由牵头人递交，并应符合投标人须知前附表的规定。

招标人最迟将在与中标人签订合同后5日内，向未中标的投标人和中标人退还投标保证金。投标保证金以现金或者支票形式递交的，还应退还银行同期存款利息。

（五）备选投标方案

除投标人须知前附表规定允许外，投标人不得递交备选投标方案，否则其投标将被否决。允许投标人递交备选投标方案的，只有中标人所递交的备选投标方案方可予以考虑。

评标委员会认为中标人的备选投标方案优于其按照招标文件要求编制的投标方案的，招标人可以接受该备选投标方案。投标人提供两个或两个以上投标报价，或者在投标文件中提供一个报价，但同时提供两个或两个以上监理方案的，视为提供备选方案。

（六）投标文件的编制

投标文件应按格式编写，如有必要可以增加附页，作为投标文件的组成部分。投标函附录在满足招标文件实质性要求的基础上，可以提出比招标文件要求更有利于招标人的承诺。投标文件应当对招标文件有关监理服务期限、投标有效期、委托人要求、招标范围等实质性内容做出响应。

投标文件应用不褪色的材料书写或打印，投标函、投标函附录及对投标文件的澄清、说明和补正应由投标人的法定代表人或其授权的代理人签字或盖单位章。由投标人的法定代表人签字的，应附法定代表人身份证明，由代理人签字的，应附授权委托书，身份证明或授权委托书应符合"投标文件格式"的要求。投标文件应尽量避免涂改、行间插字或删除。如果出现上述情况，改动之处应由投标人的法定代表人或其授权的代理人签字或盖单位章。投标文件正本一份，副本份数见投标人须知前附表。正本和副本的封面右上角上应清楚地标记"正本"或"副本"的字样。投标人应根据投标人须知前附表要求提供电子版文件。当副本和正本不一致或电子版文件和纸质正本文件不一致时，以纸质正本文件为准。投标文件的正本与副本应分别装订并编制目录，投标文件须分册装订的，具体分册装订要求见投标人须知前附表规定。

投标文件全部采用电子文档，除投标人须知前附表另有规定外，投标文件所附证书证件均为原件扫描件，并采用单位和个人数字证书，按招标文件要求在相应位置加盖电子印章。由投标人的法定代表人签字或加盖电子印章的，应附法定代表人身份证明，由代理人签字或加盖电子印章的，应附由法定代表人签署的授权委托书。签字或盖章的具体要求见投标人须知前附表。

第二节　建设工程勘察设计招投标概述

一、建设工程勘察设计招投标概述

（一）建设工程勘察设计招标

工程勘察设计招标是指根据批准的可行性研究报告，以招标方式择优选择勘察设计单位。可以促进勘察设计单位采用先进的技术，更好地完成勘察设计任务，达到降低工程造价、缩短工期和提高投资效益的目的。勘察单位最终提出施工现场的地理位置、地形、地貌、地质、水文等在内的勘察报告。设计单位最终提供设计图纸和成本预算结果。招标人可以依据工程建设项目的不同特点，实行勘察设计一次性总体招标；也可以在保证项目完整性、连续性的前提下，按照技术要求实行分段或分项招标。招标人一般应当将建筑工程的方案设计、初步设计和施工图设计一并招标。确须另行选择设计单位承担初步设计、施工图设计的，应当在招标公告或者投标邀请书中明确。鼓励建筑工程实施设计总包，实施设计总包的，按照合同约定或者经招标人同意，设计单位可以不通过招标方式将建筑工程非主体部分的设计进行分包。

（二）勘察设计招标方式及范围

勘察设计招标工作由招标人负责。任何单位和个人不得以任何方式非法干涉招标投标活动。招标人可以依据工程建设项目的不同特点，实行勘察设计一次性总体招标；也可以在保证项目完整性、连续性的前提下，按照技术要求实行分段或分项招标。招标人不得将依法必须进行招标的项目化整为零，或者以其他任何方式规避招标。工程建设勘察、设计单位不得将所承揽的工程建设勘察、设计进行转包。但经发包方书面同意后，可将除工程建设主体部分外的其他部分的勘察、设计分包给具有相应资质等级的其他工程建设勘察、设计单位。

工程建设项目勘察设计招标分为公开招标和邀请招标。

1. 公开招标

《工程建设项目勘察设计招标投标办法》明确说明全部或者部分使用国有资金投资或者国家融资的项目，使用国际组织或者外国政府贷款、援助资金的项目，或不属于前两项规定的大型基础设施、公用事业等关系社会公共利益、公众安全的项目，应当公开招标。勘察、设计、监理等服务的采购，单项合同估算价在100万元人民币以上的项目，必须进行公开招标。

2. 邀请招标

《工程建设项目勘察设计招标投标办法》第十一条规定，依法必须进行勘察设计招标的工程建设项目，在下列情况下可以进行邀请招标：

①项目的技术性、专业性较强，或者环境资源条件特殊，符合条件的潜在投标人数量有限的；

②如采用公开招标，所需费用占工程建设项目总投资的比例过大的；

③建设条件受自然因素限制，如采用公开招标，将影响项目实施时机的。

招标人采用邀请招标方式的，应保证有三个以上具备承担招标项目勘察设计的能力，并具有相应资质的特定法人或者其他组织参加投标。

3. 可以不进行招标的情形

《工程建设项目勘察设计招标投标办法》规定，下列建设工程的勘察、设计，经有关主管部门批准，可以直接发包：

①涉及国家安全、国家秘密、抢险救灾或者属于利用扶贫资金实行以工代赈、需要使用农民工等特殊情况，不适宜进行招标；

②主要工艺、技术采用不可替代的专利或者专有技术，或者其建筑艺术造型有特殊要求；

③采购人依法能够自行勘察、设计；

④已通过招标方式选定的特许经营项目投资人依法能够自行勘察、设计；

⑤技术复杂或专业性强，能够满足条件的勘察设计单位少于三家，不能形成有效竞争；

⑥已建成项目需要改、扩建或者技术改造，由其他单位进行设计影响项目功能配套性；

⑦国家规定的其他特殊情形。

2017 年 5 月 1 日起施行的《建筑工程设计招标投标管理办法》规定，建筑工程设计招标范围和规模标准按照国家有关规定执行，有下列情形之一的，可以不进行招标：

①采用不可替代的专利或者专有技术的；

②对建筑艺术造型有特殊要求，并经有关主管部门批准的；

③建设单位依法能够自行设计的；

④建筑工程项目的改建、扩建或者技术改造，需要由原设计单位设计，否则将影响功能配套要求的；

⑤国家规定的其他特殊情形。

（三）勘察设计招标条件及投标人应具备的条件

1. 工程建设项目勘察设计应具备的条件

《工程建设项目勘察设计招标投标办法》第九条规定，依法必须进行勘察设计招标的工程建设项目，在招标时应当具备下列条件：

①招标人已经依法成立；

②按照国家有关规定需要履行项目审批、核准或者备案手续的，已经审批、核准或者备案；

③勘察设计有相应资金或者资金来源已经落实；

④所必需的勘察设计基础资料已经收集完成；

⑤法律法规规定的其他条件。

依法必须招标的工程建设项目，招标人可以对项目的勘察、设计、施工以及与工程建设有关的重要设备、材料的采购，实行总承包招标。

2. 投标人应具备的条件

参加投标的勘察设计单位首先应当是取得勘察设计资质证书，具有法人资格的从事建设工程勘察、工程设计活动的企业，同时必须具有与招标工程规模相适应的资质等级。从事建设工程勘察、工程设计活动的企业，应当按照《建设工程勘察设计资质管理规定》，根据其拥有的资产、专业技术人员、技术装备和勘察设计业绩等条件申请资质，经审查合格，取得建设工程勘察、工程设计资质证书后，方可在资质等级许可的范围内从事建设工程勘察、工程设计活动。

《住房城乡建设部办公厅关于进一步推进勘察设计资质资格电子化管理工作的通知》将工程项目的招标投标、施工图审查、合同备案、施工许可、竣工验收备案等环节的数据，全部纳入省级建筑市场监管一体化工作平台，与全国建筑市场监管公共服务平台实时对接连通，并保证上传数据及时、准确、完整。对申请建筑行业、市政行业及其相应专业（人防工程专业除外）工程设计甲级资质（包括申请施工总承包特级资质的企业同时申请的相应设计资质）的企业，未进入全国建筑市场监管公共服务平台的企业业绩和个人业绩，在资质审查时不作为有效业绩认定。

（四）勘察设计招标的特点

勘察设计招标与施工招标和材料设备的采购供应招标不同，是投标人通过自己的智力劳动，将业主对项目的设想转变为可实施的蓝图。勘察设计招标时，招标文件中简明列出建设项目的指标要求、投资限额和实施条件等，规定投标人分别报出建设项目的构思方案和实施计划，招标人通过开标、评标程序对各方案进行比选，再确定中标人。勘察设计招标主要有以下特点：

1. 勘察设计招标方式的多样性

勘察设计招标可采用公开招标、邀请招标，还可采用设计方案竞赛等其他方式确定中标单位。《关于进一步促进工程勘察设计行业改革与发展若干意见》提出，大中型建筑设计项目采用概念性方案设计招标、实施性方案设计招标等形式，大中型工业设计项目采用工艺方案比选、初步设计招标等形式。

2. 招标文件的内容不同

勘察招标的招标文件中一般给出任务的数量指标，如地质勘探的孔位、眼数、总钻探进尺长度等。设计招标的招标文件中仅提出设计依据、建设项目应达到的技术指标、项目的预期投资限额、项目限定的工程范围、项目所在地的基本资料、要求完成的时间等内容，而无具体的工作量要求。

3. 开标的形式不同

开标时，不是由业主的招标机构公布各投标书的报价高低排定标价次序，而是由各投标人在规定的时间内分别介绍自己初步设计方案的构思和意图，并论述方案的优点、实施计划和报价，但不排标价次序。

4. 评标的原则不同

评标决标时，业主不过分追求完成设计任务的报价额高低，工程勘察设计招标应重点评估投标人的能力、业绩、信誉以及方案的优劣，不得以压低勘察设计费、增加工作量、缩短勘察设计周期作为中标条件。因此，勘察招标评标时应按评审标准更多地关注勘察成果的完备性、准确性、正确性；设计招标评标时要注重工程设计方案的技术先进性、合理性、设计质量、设计进度的控制措施，预期达到的技术经济指标以及工程项目投资效益影响等。

5. 投标报价方式和竞争关键不同

投标人的投标报价与施工投标报价不同，不是按规定的工程量填报单价后算出总价，而是首先提出勘察设计方案，论述该方案的优点和实施计划，在此基础上再进一步提出报价。工程设计招标竞争的关键是设计方案的优劣和设计团队的素质能力，而不是投标报价费用。

6. 工程设计方案涉及知识产权

建设工程设计属于智力服务，其设计方案具有一定的知识产权，招标人在招标文件中应规定涉及的知识产权范围和归属以及投标的补偿费用。

二、勘察设计招标的程序

（一）发布招标公告、资格预审公告或投标邀请书

公开招标项目应当发布资格预审公告或者招标公告。符合邀请招标条件的项目，可向

特定的法人或组织发出投标邀请书。依法必须进行招标的项目，资格预审公告和招标公告应在国务院发展改革部门依法指定的媒介发布。进行资格预审的公开招标项目，招标人应发布资格预审公告邀请不特定的潜在投标人参加资格审查，不进行资格预审的公开招标项目，招标人应发布招标公告邀请不特定的潜在投标人投标。

招标公告或投标邀请书应当载明招标人名称和地址、招标项目的基本要求、投标人的资质要求以及获取招标文件的办法等事项。招标人应当在资格预审公告、招标公告或者投标邀请书中载明是否接受联合体投标。采用联合体形式投标的，联合体各方应当签订共同投标协议，明确约定各方承担的工作和责任，就中标项目向招标人承担连带责任。

招标公告、资格预审公告或投标邀请书发布后，招标人应当按招标公告或者投标邀请书规定的时间、地点出售招标文件或者资格预审文件。

（二）投标人的资格审查

资格审查分资格预审和资格后审两种。进行资格预审的，招标人只向资格预审合格的潜在投标人发售招标文件，并同时向资格预审不合格的潜在投标人告知资格预审结果。凡是资格预审合格的潜在投标人都应被允许参加投标。招标人不得以抽签、摇号等不合理条件限制或者排斥资格预审合格的潜在投标人参加投标。

1. 资格审查的内容

资格审查的内容主要包括以下几个方面：

（1）企业勘察设计资质

资质审查主要审查申请投标单位的勘察和设计资质等级是否满足拟建项目的要求，不允许无资质单位或低资质单位越级承接工程设计任务。招标人应结合招标项目行业类别、功能性质、标准、规模，科学设定申请人应具备的企业资质类别和等级。主要审查勘察设计企业资质证书种类、级别和允许承接任务的范围。

（2）能力审查

能力审查包括勘察设计人员的技术力量和主要技术设备两个方面。人员的技术力量重点考虑拟投入项目的主要负责人的资质能力和勘察设计人员的专业覆盖面、人员数量、中高级人员所占比例等是否能满足完成工程勘察设计任务的需要。技术设备能力主要审查测量、制图、钻探设备的器材种类、数量、目前的使用情况等，审查其能否适应开展勘察设计工作的需要。

（3）类似工程经验审查

通过投标人报送的近年来完成的工程项目表，审查投标单位的勘察设计能力和水平，审查内容包括工程名称、规模、标准、结构形式、质量评定等级、设计周期等。侧重于考虑已完成的工程设计与招标项目在规模、性质、结构形式等方面是否相适应，规模较大的项目可通过考查申请人以往完成的工程规模数量和目前已经承接的项目的规模数量，了解企业可以调动的资源和能力。

（4）财务状况及信誉审查

审查企业近几年的主营业务的基本财务状况以及近几年设计单位及其完成的成果和履约信誉情况，包括是否涉及设计质量、安全事故、仲裁和诉讼等。

招标人对其他需要关注的问题，也可要求投标申请单位报送有关资料，作为资格审查的内容。

2. 资格审查材料

资格审查需要在招标文件或资格预审文件中明确规定投标人参加资格审查所需要提交的材料，通过对材料的审查考查企业是否有能力完成勘察设计任务。投标人需要提交的资格审查材料主要包括：

①投标人基本情况表；

②资质证书、企业法人营业执照；

③法定代表人资格证明和授权委托书；

④近年财务状况表；

⑤近年完成的类似项目情况表；

⑥正在进行和新承接的项目情况表；

⑦近年发生的诉讼及仲裁情况；

⑧拟委任的主要人员汇总表；

⑨主要人员简历表；

⑩拟投入本项目的主要勘察设备表；

⑪组成联合体投标的，附联合体协议书；

⑫其他证明材料。

（三）编制发售招标文件

1. 招标文件的内容

《工程建设项目勘察设计招标投标办法》第十五条规定，招标人应当根据招标项目的特点和需要编制招标文件。勘察设计招标文件应当包括下列内容：

①投标须知；

②投标文件格式及主要合同条款；

③项目说明书，包括资金来源情况；

④勘察设计范围，对勘察设计进度、阶段和深度的要求；

⑤勘察设计基础资料；

⑥勘察设计费用支付方式，对未中标人是否给予补偿及补偿标准；

⑦投标报价要求；

⑧对投标人资格审查的标准；

⑨评标标准和方法；

⑩投标有效期。

《建筑工程设计招标投标管理办法》第十条规定，招标文件应当满足设计方案招标或者设计团队招标的不同需求，主要包括以下内容：

①项目基本情况；

②城乡规划和城市设计对项目的基本要求；

③项目工程经济技术要求；

④项目有关基础资料；

⑤招标内容；

⑥招标文件答疑、现场踏勘安排；

⑦投标文件编制要求；

⑧评标标准和方法；

⑨投标文件送达地点和截止时间；

⑩开标时间和地点；

⑪拟签订合同的主要条款；

⑫设计费或者计费方法；

⑬未中标方案补偿办法。

2. 招标文件的发售、澄清、修改和异议

投标人应仔细阅读和检查招标文件的全部内容，如发现缺页或附件不全，应及时向招标人提出。如有疑问，应在规定的时间前以书面形式将提出的问题送达招标人，要求招标人对招标文件予以澄清。

招标文件的澄清和修改应发给所有购买招标文件的投标人，澄清或修改发出的时间距投标截止时间不足 15 日且其内容可能影响投标文件编制的，将相应延长投标截止时间。投标人收到澄清和修改内容后，应书面回复招标人确认已收到该澄清和修改。

投标人或者其他利害关系人对招标文件有异议的，应当在投标截止时间 10 日前以书面形式提出。招标人将在收到异议之日起 3 日内做出答复，做出答复前，将暂停招标投标

活动。

（四）组织现场踏勘、召开投标预备会

在投标人对招标文件进行研究后，招标人按招标文件规定的时间、地点组织投标人对现场进行考察，部分投标人未按时参加现场踏勘的，不影响现场踏勘的正常进行。现场踏勘发生的费用由投标人自理，拟建项目一般要求与地区文化、环境、景观相协调，所以现场考察对投标人拟订设计方案具有重要意义。

对于潜在投标人在分析招标文件和现场踏勘中提出的疑问，招标人可以书面形式或召开投标预备会的方式解答，但须同时将解答以书面形式通知购买招标文件的投标人。该解答的内容为招标文件的组成部分，投标人应按规定派代表出席标前会议。

三、勘察设计招标文件

招标文件是指导设计单位进行正确投标的依据，也是对投标人提出要求的文件。

（一）投标人须知

工程建设项目勘察设计招标文件的投标人须知中与工程招标有较大区别的是投标保证金的规定、投标补偿费用和奖金设定及支付方式、知识产权的规定等内容。

1. 投标保证金的金额

《招标投标法实施条例》第二十六条规定，招标人在招标文件中要求投标人提交投标保证金的，投标保证金不得超过招标项目估算价的 2%。境内投标人以现金或者支票形式提交的投标保证金，应当从其基本账户转出并在投标文件中附上基本账户开户证明。联合体投标的，其投标保证金可以由牵头人递交。

2. 投标补偿费用和奖金

投标补偿费用是招标人用以支付给投标人参加招标活动并递交有效投标设计方案的费用补偿，该费用还包括招标人有可能使用未中标的设计方案的使用补偿费用。奖金则是招标人对被评选为优秀设计方案所支付的除投标补偿费用以外的奖励费用。属于按已定工程设计方案选择工程设计和施工图设计单位的，一般不设投标补偿费用和奖金。

未按规定时间提交投标文件或投标文件按规定不被接受或被作为废标处理的投标人，招标人一般不予支付投标补偿费用。属于按已定工程设计方案选择工程设计单位的则没有投标补偿费用和奖金。

3. 知识产权的范围及归属

知识产权的规定是工程建设项目设计招标中的特有条款。在设置该条款时，要在避免侵犯他人的知识产权的同时，注意保护自己的知识产权，并注意知识产权的归属问题。

（二）合同条款及格式

1. 勘察招标

通用合同条款重点明确提出了勘察人的义务、勘察要求、开始勘察和完成勘察、暂停勘察、勘察文件、勘察责任与保险和设计与施工期间的配合等内容。

（1）勘察人的义务

阐明了勘察人的一般义务、履约保证金的生效要求、勘察工作的分包和不得转包的情况、联合体投标的要求、项目负责人的指派更换要求、对勘察人员的管理、对项目负责人和其他人员的撤换等内容。

（2）勘察要求

阐述了勘察的依据、勘察的范围、对勘察作业的要求（含测绘、勘探、取样、试验的具体要求）、对勘察设备的要求、对临时占地和设施的要求、对安全作业的要求、环境保护的要求、事故处理的要求、勘察文件的要求等。

（3）开始勘察和完成勘察

明确了勘察服务的期限、发包人引起的周期延误的处理、非人为因素引起的周期延误的处理、第三人引起的周期延误的处理、提前完成勘察的奖励等内容。

（4）暂停勘察

主要明确了发包人原因暂停勘察的处理、勘察人原因暂停勘察的处理、暂停期间的文件照管费用归属等问题。

（5）勘察文件

阐述了勘察文件的接收，发包人审查勘察文件的要求、期限、内容等，审查机构审查勘察文件的具体要求和违约责任。

（6）勘察责任与保险

明确了勘察工作的质量责任、勘察文件的错误责任、勘察责任的主体和勘察责任保险等内容。

（7）设计和施工期间的配合

勘察人应当根据设计工作需要，对勘察报告和资料文件中的不完善或者错误之处，进行验证、补充或者修改；如遇不利的工程地质条件，勘察人应与设计人研讨并提出解决建议。

勘察人应在本工程的施工期间，积极提供勘察配合服务，进行勘察技术交底，委派专业人员配合施工承包人及时解决与勘察有关的问题，参与基坑基底验收和工程竣工验收等工作。

2. 设计招标

通用合同条款重点明确提出了设计人的义务、设计要求、开始设计和完成设计、暂停设计、设计文件、设计责任和保险及施工期间的配合等内容。

（1）设计人的义务

阐明了设计人的一般义务、履约保证金的生效要求、设计工作的分包和不得转包的情况、联合体投标的要求、项目负责人的指派更换要求、对设计人员的管理、对项目负责人和其他人员的撤换等内容。

（2）设计要求

阐述了设计的依据、设计的范围、对设计文件的要求，设计文件的深度应满足本合同相应设计阶段的规定要求，满足发包人的下步工作需要，并应符合国家和行业现行规定。必须保证工程质量和施工安全等方面的要求，按照有关法律法规规定在设计文件中提出保障施工作业人员安全和预防生产安全事故的措施建议。

（3）开始设计和完成设计

明确了设计服务的期限、发包人引起的周期延误的处理、设计人引起的周期延误的处理、第三人引起的周期延误的处理、提前完成勘察的奖励等内容。设计文件是工程设计的最终成果和施工的重要依据，应当根据本工程的设计内容和不同阶段的设计任务、目的和要求等进行编制，设计文件的内容和深度应当满足对应阶段的规范要求。

（4）暂停设计

主要明确了发包人原因暂停设计的处理、勘察人原因暂停设计的处理，不论由于何种原因引起暂停设计，暂停期间设计人应负责妥善保护已完部分的设计文件，由此增加的费用由责任方承担。

（5）设计文件

明确了设计文件接收的规定、发包人审查设计文件的规定和审查机构审查设计文件的规定。

（6）设计责任和保险

明确了设计文件的工作质量责任、设计文件错误的责任、设计责任主体（设计责任为设计单位项目负责人终身责任制）和设计责任保险等内容。

（7）施工期间的配合

设计人应在本工程的施工期间，积极提供设计配合服务，包括并不限于设计技术交底、施工现场服务、参与施工过程验收、参与投产试车（试运行）、参与工程竣工验收等工作。

（三）发包人要求

委托人要求应尽可能清晰准确，对于勘察、设计人负责提供的有关服务，在发包人要求中应一并明确规定。发包人要求通常包括以下内容：

1. 勘察招标

发包人要求包括勘察要求、成果文件要求、发包人的财产清单、勘察人需要自备的工作条件等内容。

（1）勘察要求

招标人应在勘察要求中明确项目概况（包括项目名称、建设单位、建设规模、项目地理位置、周边环境、树木情况、文物情况、地质地貌、气候及气象条件、道路交通状况、市政情况等）、勘察范围和内容、勘察依据、基础资料、勘察人员和设备要求及其他要求等。

（2）成果文件要求

成果文件的组成（如勘察说明、图纸等）、成果文件的深度、成果文件的格式要求、成果文件的份数要求、成果文件的载体要求（如纸质版的要求和电子版的要求）等。

（3）发包人的财产清单

列明发包人提供的设备、设施情况，委托人提供的设备清单和委托人提供的设施清单。列明发包人提供的资料，如施工场地及毗邻区域内的地下管线资料、气象和水文观测资料，相邻建筑物和构筑物、地下工程的有关资料，以及其他与建设工程有关的原始资料；定位放线的基准点、基准线和基准标高；发包人取得的有关审批、核准和备案材料，如规划许可证；技术标准、规范等。列明发包人的财产使用和退还要求。

（4）勘察人需要自备的工作条件

勘察人需要自备工作手册，需要自备的设备，需要自备的交通工具，需要自备的现场办公设施，需要自备的安全设施，需要自备的勘察检测仪器、设备、工具。

2. 设计招标

发包人要求包括设计要求、成果文件要求、发包人的财产清单和设计人需要自备的工作条件等。

（1）设计要求

招标人应在设计要求中明确项目概况、设计范围及内容、设计依据、项目使用功能的要求、设计人员要求和其他要求等。

（2）成果文件要求

成果文件的组成（如设计说明、图纸等），成果文件的深度，成果文件的格式要求，成果文件的份数要求，成果文件的载体要求（如纸质版的要求和电子版的要求），成果文件的展板、模型、沙盘、动画要求等。

（3）发包人的财产清单

列明发包人提供的设备、设施情况，发包人提供的资料，发包人财产使用和退还要求。

（4）设计人需要自备的工作条件

设计人需要自备工作手册、需要自备的设备、需要自备的交通工具、需要自备的现场办公设施和需要自备的安全设施。

（四）勘察纲要

勘察招标文件中规定勘察纲要应该包括勘察工程概况，勘察范围、勘察内容、勘察依据、勘察工作目标、勘察机构设置（框图）、岗位职责、勘察说明和勘察方案，拟投入的勘察人员、勘察设备，勘察质量、进度、保密等保证措施，勘察安全保证措施，勘察工作重点、难点分析，对本工程勘察的合理化建议等内容。

（五）设计方案

设计招标文件中规定设计方案应该包括设计工程概况，设计范围、设计内容，设计依据、设计工作目标、设计机构设置（框图）、岗位职责，设计说明和设计方案、拟投入的设计人员，设计质量、进度、保密等保证措施，设计安全保证措施，设计工作重点、难点分析，对本工程设计的合理化建议。

（六）附件、附图

工程建设项目设计招标文件中应提供投标人编制投标设计文件的基础性依据资料，如，已批准的工程可行性研究报告或项目建议书；可供参考的工程地质、水文地质、工程测量等建设场地勘察成果报告；供水、供电、供气、供热、环保、市政道路等方面的基础资料；城市规划行政管理部门确定的规划控制条件；区位关系图、用地红线图、用地周边规划图、用地区域周边道路图、交通规划图、用地周边市政规划图等。

四、勘察设计投标

（一）投标文件内容

投标文件内容包括方案设计综合说明书、方案设计内容及图纸、预计的项目建设工期、主要的施工技术要求和施工组织方案、工程投资估算和经济分析、设计工作进度计划、勘察设计报价与计算书。勘察设计投标文件由商务文件、技术文件和报价清单三部分组成。主要内容如下：

①投标函及投标函附录；

②法定代表人身份证明及授权委托书；

③联合体协议书；

④投标保证金；

⑤勘察设计费用清单；

⑥资格审查资料；

⑦勘察纲要或设计方案；

⑧其他资料。

（二）投标报价

投标人应当按照招标文件的要求编制投标文件。投标文件中的勘察设计收费报价，应当以国务院价格主管部门制定的《工程勘察设计收费标准》（2002 年修订本）为依据，根据本招标文件规定的勘察设计工作内容和计划工作量，自行测算。

在工程勘察设计投标报价决策时，应认真填写勘察设计工作量清单，对于未填写报价的项目，招标人认为该项目的勘察设计费摊入了其他项目中，该项目将得不到单独支付；工作量表中如给出勘察设计工作总量，在计算报价时，应根据组成该总量的各分项分别进行研究。有必要时，分别计算后再合并，以准确计算虽属于同类型但技术难度不一样的勘察设计工作的费用。因此要正确选用勘察设计费计算标准，充分结合市场，了解竞争对手，合理报价。

五、勘察设计开标、评标、定标

（一）开标

开标应当在招标文件确定的提交投标文件截止日期的同一时间公开进行。开标地点应当为招标文件预先确定的地点。电子标在规定的投标截止时间通过电子招标投标交易平台公开开标，所有投标人的法定代表人或其委托代理人应当准时参加。开标会议的一般程序为：

1. 检查投标文件的密封情况

检查密封情况，如果投标文件没有密封，或发现曾被拆开过的痕迹，应当被认定为无效的投标，不予宣读。工程勘察设计投标文件的组成按规定为双信封文件，如投标人未提供双信封文件或提供的双信封文件未按规定密封包装，招标人可当场废标。

2. 当众拆封确认无误的投标文件

检查确认密封情况后，在监督机构或公证人员的现场监督下，由现场的工作人员当众拆封投标文件第一个信封，在投标截止时间前收到的所有投标文件，招标人不得以任何理由拒绝开封，也不得有选择地进行拆封。

3. 唱标宣读投标文件的主要内容

投标人应当众拆封，宣读项目名称、投标人名称、投标保证金的递交情况、投标报价、勘察设计服务期限及其他内容，并记录在案。若招标人唱标宣读的内容与投标文件不符，投标人有权在开标现场提出异议，经监督机关当场核查确认后，招标人可重新唱标宣读其投标文件。若投标人现场未提出异议，则认为投标人已确认招标人唱标宣读的结果。

4. 开标过程记录存档

在开标前，主持开标的招标人应当安排人员对开标的整个过程和重要事项进行记录，并经主持人、监督机关和其他工作人员签字后存档备查。

（二）评标

1. 评标方法

勘察设计评标通常采用综合评估法，评标委员会对通过符合性初审、满足招标文件实质性要求的投标文件，按照招标文件评标办法中详细的评价内容、因素、权重和具体的评分方法进行综合打分评估，并按得分由高到低顺序推荐前 1~3 名投标人为中标候选人。也可以根据招标人授权直接确定中标人，但投标报价低于其成本的除外。

综合评分相等时，以投标报价低的优先；投标报价也相等的，以勘察纲要或设计方案得分高的优先；如果勘察纲要或设计方案得分也相等，按照评标办法前附表的规定确定中标候选人顺序。

2. 评标因素

评标时虽然需要评审的内容很多，但应侧重于以下几个方面：

（1）设计方案的优劣

主要评审设计的指导思想，设计方案的先进性，总体布置的含理性，设备选型的适用性，主要建筑物、构筑物的结构合理性，项目规划设计指标，工艺流程及功能分区，技术先进实用性，可持续发展及技术经济指标等问题。

（2）投入产出和经济效益的好坏

包括建设标准是否合理、投资估算是否可能超过投资限额、实施该方案能够获得的经济效益、实施该方案所需要的外汇额估算，设计费报价的合理性、设计费支付进度、先进的工艺流程可能带来的投标回报等。

（3）设计进度的快慢

投标文件中的实施方案计划是否能满足招标人的要求。尤其是某些大型复杂的建设项目，业主为了缩短项目的建设周期，往往在初步设计完成后就进行施工招标，在施工阶段陆续提供施工图。此时，应重点考查设计进度能否满足业主实施建设项目总体进度计划的要求。

（4）设计资历和社会信誉

没有设置资格预审程序的邀请招标，在评标时应当对设计单位的资历和社会信誉进行评审，作为对各申请投标单位的比较内容之一。考查投标人的勘察设计资质等级、投标人的类似项目勘察设计业绩、投标人拟投入该项目的人员资格业绩情况、勘察设计周期和进度安排等内容，核心是考查投标人拟投入的团队人员是否承担过类似项目的勘察设计任务。

（三）定标

评标完成后，评标委员会应当向招标人提交书面评标报告和中标候选人名单。招标人根据评标委员会的书面评标报告和推荐的中标候选方案，结合投标人的技术力量和业绩确定中标人。招标人也可以委托评标委员会直接确定中标人。招标人认为评标委员会推荐的所有候选方案均不能最大限度满足招标文件规定要求的，应当依法重新招标。

招标人在收到评标报告之日起3日内，于规定公示期限内在规定媒介上公示中标候选人，公示期不得少于3天。中标候选人的经营、财务状况发生较大变化或存在违法行为，招标人认为可能影响其履约能力的，将在发出中标通知书前提请原评标委员会按照招标文件规定的标准和方法进行审查确认。

对达到招标文件规定要求的未中标方案，公开招标的，招标人应当在招标公告中明确是否给予未中标单位经济补偿及补偿金额；邀请招标的，应当给予未中标单位经济补偿，补偿金额应当在招标邀请书中明确，招标人、中标人使用未中标方案的，应当征得提交方案的招标人同意并付给使用费。招标人应当在中标通知书发出之日起 30 日内与中标人签订建设工程勘察设计合同。

第三节 建设工程材料、设备招投标

一、建设工程材料、设备招标概述

（一）基本含义

工程建设项目材料、设备是指用于建设工程的各类设备（如机械、设备、仪器、仪表、办公设备等）和工程材料（包括钢材、水泥、商品混凝土、门窗、管道等），是构成工程不可分割的组成部分，且为实现工程基本功能所必需。材料设备采购是资金转化成固定资产的方式之一。

工程材料、设备采购是指业主或承包商对所需要的工程材料、设备向供货商进行询价或通过招标的方式选择合格的供货商，并与其达成交易协议，随后按合同实现标的的采购方式。

材料设备采购不仅包括单纯采购大宗建筑材料和定型生产的中小型设备等，而且还包括按照工程项目要求进行的材料设备的综合采购、运输、安装、调试等实施阶段的全过程工作。建设工程材料、设备招标要根据整个工程建设项目对材料设备的需求目标进行招标策划和组织实施。材料设备招标主要考虑使用功能、技术标准、质量、价格、服务和交货期等主要因素，其中性价比是多数招标人考虑的主要因素。

（二）材料、设备招标采购的范围

材料设备招标的范围主要包括建设工程中所需要的大量建材、工具、用具、机械设备、电气设备等，这些材料设备约占工程合同总价的 60% 以上，大致可以划分为工程用料、暂设工程用料、施工用料、工程机械、正式工程中的机电设备和其他辅助办公和试验设备等。

由于材料设备招投标中涉及物资的最终使用者不仅有业主，还包括承包商或分包商，所以材料设备的采购主体既可以是业主，也可以是承包商或分包商。因此，对于材料设备应当进一步划分，决定哪些由承包商自己采购供应、哪些拟交给各分包商供应、哪些将由业主自行供给。属于承包商应予供应范围的，再进一步研究哪些可由其他工地调运，如某些大型施工机具设备、仪器甚至部分暂设工程等，哪些要由本工程采购，这样才能最终确定由各方采购的材料设备的范围。

（三）材料、设备招标人

工程建设项目材料、设备招标人是依法提出招标项目，进行招标的法人或者其他组织。《工程建设项目货物招标投标办法》第五条规定，工程建设项目货物招标投标活动，依法由招标人负责。工程建设项目招标人对项目实行总承包招标时，未包括在总承包范围内的货物达到国家规定规模标准的，应当由工程建设项目招标人依法组织招标。工程建设项目招标人对项目实行总承包招标时，以暂估价形式包括在总承包范围内的货物达到国家规定规模标准的，应当由总承包中标人和工程建设项目招标人共同依法组织招标。双方当事人的风险和责任承担由合同约定。工程建设项目招标人或者总承包中标人可委托依法取得资质的招标代理机构承办招标代理业务。招标代理服务收费实行政府指导价。招标代理服务费用应当由招标人支付；招标人、招标代理机构与投标人另有约定的，从其约定。

（四）材料、设备招标采购的方式

《招标投标法》规定，在中华人民共和国境内进行与工程建设有关的重要设备、材料等的采购，必须进行招标。为工程项目采购材料、设备而选择供应商并与其签订物资，购销合同或加工订购合同，可以采用招标采购、询价采购和直接订购三种方式。

1. 招标采购

招标采购大多适用于大宗材料和较重要的或较昂贵的大型机具设备，或工程项目中的生产设备和辅助设备。标的金额较大，市场竞争激烈。材料、设备招标方式可以是公开招标，也可以是邀请招标。

业主或承包商根据项目的要求，详细列出采购物资的品名、规格、数量、技术性能要求，自己选定的交货方式、交货时间、支付货币和支付条件，以及品质保证、检验、罚则、索赔和争议解决等合同条件和条款作为招标文件，吸引有资格的厂家或承包商参加投标，通过竞争择优签订购货合同。

2. 询价采购

询价采购是采用"询价—报价—签订"的合同程序，即采购方至少向三家供应商就材料、设备采购的标的物进行询价，对其报价经过比较后选择其中一家与其签订供货合同。询价单上应注明货物的说明、数量，以及要求的交货时间、地点和交货方式等内容，报价可以采用电传或传真的形式进行。这种方式无须采用复杂的招标程序就可以保证价格有一定的竞争性，一般适用于采购建筑材料或价值较小的标准规格产品。

3. 直接订购

直接订购方式由于不能进行产品的质量和价格比较，因此是一种非竞争性采购方式。一般适用于以下几种情况：

①为了使设备或零配件标准化，向原经过招标或询价选择的供货商增加购货，以便适应现有设备。

②所需设备具有专卖性质，并且只能从一家制造商获得。

③负责工艺设计的承包单位要求从指定供货商处采购关键性部件，并以此作为保证工程质量的条件。

④尽管询价通常是获得最合理价格的较好方法，但在特殊情况下，由于需要某些特定货物早日交货，也可直接签订合同，以免由于时间延误而增加开支。

（五）材料、设备招标采购的特点

工程建设项目材料、设备招标投标活动应当遵循公开、公平、公正和诚实信用的原则。材料、设备招标投标活动不受地区或者部门的限制。材料、设备招标投标主要有以下特点：

①材料、设备招标是实物招标，招标人看重的是投标人提供的材料、设备的性能和质量；勘察设计招标是服务招标，招标人看重的是投标人的服务能力和水平。

②材料、设备招标采购在建设工程项目中所占比重较大，从控制工程质量和工程造价的角度出发，招标人往往会将材料、设备单独列出进行招标采购。

③材料、设备存在同一型号、同一标准的情况，如代理商投标和生产商投标等问题，与施工招标和勘察设计招标也存在很大不同。

二、建设工程材料、设备招标采购的程序

（一）材料、设备招标采购的基本程序

建设工程材料、设备采购是为了保证产品质量、缩短建设工期、降低工程造价、提高投资效益，建设工程的大型设备、大宗材料均采用招标的方式采购。《招标投标法》规定，在中华人民共和国境内进行与工程建设有关的重要设备、材料等的采购，必须进行招标。材料、设备招标采购的程序与项目招标采购类似。

（二）招标准备

1. 信息资料的准备

正式招标之前，尚须进行一些前期信息材料的准备工作：

①了解、掌握建设项目立项的进展情况、项目的目的与要求、国家关于招标投标的具体规定。招标代理机构应向业主了解工程进行情况，并向业主介绍招标的经验、以往取得的成果，介绍招标工作方法、程序和招标工作安排等内容。

②收集拟采购设备、材料的相关信息，这些信息包括：哪些厂家生产同类产品，货物的知识产权、技术装配、生产工艺、销售价格、付款方式，在哪些单位使用过，性能是否稳定，售后服务和配件供应是否到位，生产厂家的经营理念、生产规模、管理情况、信誉好坏等。充分利用现代网络和通信技术的优势，广泛了解相关信息，为招标采购工作打好基础。

2. 材料、设备采购标段的划分

由于材料、设备的种类繁多，不可能有一个能够完全生产或供应工程所用材料、设备的制造商或供应商存在，所以不论是以招标、询价还是直接订购的方式采购材料、设备，都不可避免地要遇到分标的问题。每次招标时可以根据材料、设备的性质只发一个合同包或分成几个合同包同时招标。材料、设备采购分标的原则是标段划分要有利于吸引更多的投标人参加竞标，以达到降低价格、保证供货时间和质量的目的。分标时需要考虑的因素主要有以下几个方面：

（1）招标项目的规模

根据工程项目所需材料设备之间的关系、预计金额的大小进行分标。如果标段划分得过大，一般中小供货商无力问津，有实力参与竞争的承包商数量将会减少，可能会引起投标报价的增加；反之，如果标段分得过小，虽可以吸引众多的供货商，但很难吸引实力较强的供货商的兴趣，尤其是外国供货商来参加投标，同时会增大招标、评标的工作量。因此招标的规模大小要恰当，既要吸引更多的供货商参与投标竞争，又要便于买方挑选，发挥各个供货商的专长，并有利于合同履行过程中的管理。

（2）材料设备的性质和质量要求

工程项目建设所需的物资、材料、设备，可划分为通用产品和专用产品两大类。通用产品可有较多的供货商参与竞争，而专用产品由于对货物的性能和质量有特殊要求，则应按行业来划分。对于成套设备，为了保证零备件的标准化和机组连接性能，最好只划分为一个标，由某一供货商来承包。在既要保证质量又要降低造价的原则下，凡国内制造厂家可以达到技术要求的设备，应单列一个标进行国内招标；国内制造有困难的设备，则须进行国际招标。

（3）工程进度与供货时间

按时供应质量合格的材料设备，是工程项目能够正常执行的物质保证。应以供货进度计划满足施工进度计划要求为原则，综合考虑资金、制造周期、运输、仓储能力等条件进行分标，以降低成本。既不能延误施工的需要，也不应过早提前到货。过早到货虽然对施工需要有保证，但它会影响资金的周转，以及额外支出对货物的保管与保养费用。

（4）供货地点

如果工程的施工点比较分散，则所需货物的供货地点也势必分散。因此，应根据外部和当地供货商的供货能力、运输条件、仓储条件等进行分标，以保证供应和降低成本。

（5）市场供应情况

大型工程建设需要大量建筑材料和较多的设备，如果一次采购可能会因需求过大而引起价格上涨，则应合理计划，分批采购。

（6）资金来源

由于工程项目建设投资来源多元化，应考虑资金的到位情况和周转计划，合理分标分项采购。当贷款单位对采购有不同要求时，应根据要求，合理分标，以吸引更多的供货商参加投标。

（三）发布招标公告

《工程建设项目货物招标投标办法》第十二条规定，采用公开招标方式的，招标人应当发布招标公告。依法必须进行货物招标的招标公告，应当在国家指定的报刊或者信息网络上发布。采用邀请招标方式的，招标人应当向三家以上具备货物供应能力、资信良好的特定法人或者其他组织发出投标邀请书。

招标公告或者投标邀请书应当载明下列内容：

①招标人的名称和地址；

②招标材料、设备的名称、数量、技术规格、资金来源；

③交货的地点和时间；

④获取招标文件或者资格预审文件的地点和时间；

⑤对招标文件或者资格预审文件收取的费用；

⑥提交资格预审申请书或者投标文件的地点和截止日期；

⑦对投标人的资格要求。

对招标文件或者资格预审文件的收费应当合理，不得以营利为目的。招标人可以通过信息网络或者其他媒介发布招标文件，通过信息网络或者其他媒介发布的招标文件与书面招标文件具有同等法律效力，出现不一致时，以书面招标文件为准，但法律、行政法规或者招标文件另有规定的除外。

信息发布的通常做法是在指定的公开发行的报刊或媒体上刊登采购公告，或者将有关公告直接送达有关供应商。如果是小额货物采购，一般不必发布采购信息，可直接与供应商联系，向供应商询价。如果是国际性招标采购，则应该在国际性的刊物上刊登招标公告，或将招标公告送交有可能参加投标的国家在当地的大使馆或代表处。随着科技的不断进步，越来越多的政府实行网上采购，并将采购信息发布在互联网的采购信息网站上。

（四）进行资格审查

投标人是响应招标、参加投标竞争的法人或者其他组织。法定代表人为同一个人的两个及两个以上法人，母公司、全资子公司及其控股公司，都不得在同一材料、设备招标中同时投标。一个制造商对同一品牌同一型号的材料、设备，仅能委托一个代理商参加投标，否则应作为废标处理。

两个以上法人或者其他组织可以组成一个联合体，以一个投标人的身份共同投标。联合体各方签订共同投标协议后，不得再以自己的名义单独投标，也不得组成或参加其他联合体在同一项目中投标，否则作为废标处理。

招标人可以根据招标材料、设备的特点和需要，对潜在投标人或者投标人进行资格审查。资格审查分为资格预审和资格后审。资格预审是招标人在出售招标文件或者发出投标邀请书前对潜在投标人进行的资格审查，一般适用于潜在投标人较多或者大型、技术复杂的材料、设备的公开招标，以及需要公开选择潜在投标人的邀请招标。资格后审是指在开标后对投标人进行的资格审查，一般在评标过程中的初步评审开始时进行，招标人应当在招标文件中详细规定资格审查的标准和方法。招标人在进行资格审查时，不得改变或补充载明的资格审查标准和方法，或者以没有载明的资格审查标准和方法对潜在投标人或者投标人进行资格审查。

联合体各方应当在招标人进行资格预审时，向招标人提出组成联合体的申请，没有提出联合体申请的，资格预审完成后，不得组成联合体投标。招标人不得强制资格预审合格的投标人组成联合体。

1. 资格预审文件

采取资格预审的，招标人应当发布资格预审公告，在资格预审文件中详细规定资格审查的标准和方法。

经资格预审后，招标人应当向资格预审合格的潜在投标人发出资格预审合格通知书，告知获取招标文件的时间、地点和方法，并同时向资格预审不合格的潜在投标人告知资格预审结果。资格预审合格的潜在投标人不足三个的，招标人应当重新进行资格预审。

2. 资格审查的程序

资格审查包括投标人资质的合格性审查和投标人所提供货物的合格性审查。

（1）投标人资质的合格性审查

投标人要认真填写资格证明文件，必须具有履行合同的财务、技术和生产能力。若投标人是销售代理人，则提供制造厂家或生产厂家正式授权委托书。资质审查主要审查营业执照、厂家的法人代表的授权书、银行出具的资信证明、产品鉴定书、生产许可证、产品的荣誉证书、厂家的资格证明。

厂家的资格证明要提供名称、地址、注册时间、主管部门等情况，以及职工情况调查、资产负债表、生产能力调查、近 3 年该货物主要销售情况、近 3 年的年营业额、易损件的供应条件、贸易公司作为代理的资格证明及其他证明材料。

（2）投标人所提供货物的合格性审查

投标人应根据招标要求提供所有材料、设备及其辅助服务的合格性证明文件，这些文件可以是手册、图纸和资料说明等。

三、建设工程材料、设备采购招标文件编制

（一）材料、设备招标文件的组成

招标人应当在招标文件中规定实质性要求和条件，说明不满足其中任何一项实质性要求和条件的投标将被拒绝，并用醒目的方式标明；没有标明的要求和条件在评标时不得作为实质性要求和条件。对于非实质性要求和条件，应规定允许偏差的最大范围、最高项数，以及对这些偏差进行调整的方法。国家对招标材料、设备的技术、标准、质量等有特殊要求的，招标人应当在招标文件中提出相应特殊要求，并将其作为实质性要求和条件。

《工程建设项目货物招标投标办法》第二十一条规定，招标文件一般包括下列内容：

①投标邀请书；

②投标人须知；

③投标文件格式；

④技术规格、参数及其他要求；

⑤评标标准和方法；

⑥合同主要条款。

（二）材料、设备招标文件的编制

招标文件构成了合同的基本构架，也是评标的依据。

1. 投标人须知

包括对招标文件的说明和对投标人投标文件的基本要求，评标、定标的基本原则等内容。如招标项目的概况，资金来源和落实情况，招标的范围，交货时间、交货地点，技术

性能指标和质量标准，投标截止时间和地点，开标时间和地点等内容。

2. 合同条款及格式

（1）材料采购

材料采购招标明确规定了材料的包装、标记、运输、交付、检验和验收等内容。

①包装。卖方应对合同材料进行妥善包装，以满足合同材料运至施工场地及在施工场地保管的需要。包装应采取防潮、防晒、防锈、防腐蚀、防震动及防止其他损坏的必要保护措施。

②标记。卖方应按合同约定在材料包装上以不可擦除的、明显的方式做出必要的标记。

③运输。卖方应自行选择适宜的运输工具及线路安排合同材料运输。

④交付。卖方应根据合同约定的交付时间和批次在施工场地卸货后将合同材料交付给买方，买方对卖方交付的合同材料的外观及件数进行清点核验后应签发收货清单。

⑤检验和验收。合同材料交付前，卖方应对其进行全面检验，并在交付合同材料时向买方提交合同材料的质量合格证书。合同材料交付后，买方应在专用合同条款约定的期限内安排对合同材料的规格、质量等进行检验。

（2）设备采购。

设备采购招标明确规定了设备的监造及交货前检验，包装和标记，运输和交付，开箱检验，安装、调试和考核、验收，技术服务等内容。

①监造及交货前检验。在合同设备的制造过程中，买方可派出监造人员，对合同设备的生产制造进行监造，监督合同设备制造、检验等情况。合同设备交货前，卖方应会同买方代表根据合同约定对合同设备进行交货前检验并出具交货前检验记录，有关费用由卖方承担。

②包装和标记。卖方应对合同设备进行妥善包装，每个独立包装箱内应附装箱清单、质量合格证、装配图、说明书、操作指南等资料。卖方应在每一包装箱相邻的四个侧面以不可擦除的、明显的方式标记必要的装运信息和标记，以满足合同设备运输和保管的需要。

③运输和交付。每件能够独立运行的设备应整套装运，该设备安装、调试、考核和运行所使用的备品、备件、易损易耗件等应随相关的主机一齐装运。卖方应根据合同约定的交付时间和批次在施工场地上将合同设备交付给买方。买方对卖方交付的包装的合同设备的外观及件数进行清点核验后应签发收货清单，并自负风险和费用进行卸货。

④开箱检验。合同设备交付后应进行开箱检验，即合同设备数量及外观检验，合同设备的开箱检验应在施工场地进行。

⑤安装、调试和考核、验收。双方应对合同设备进行安装、调试，以使其具备考核的状态。安装、调试中合同设备运行需要的用水、用电、其他动力和原材料一般由买方承担。安装、调试完成后，双方应对合同设备进行考核，以确定合同设备是否达到合同约定的技术性能考核指标。如合同设备在考核中达到或视为达到技术性能考核指标，则买卖双方应在考核完成后7日内或专用合同条款另行约定的时间内签署合同设备验收证书一式二份，双方各持一份。

⑥技术服务。卖方应派遣技术熟练、称职的技术人员到施工场地为买方提供技术服务，卖方技术人员应遵守买方施工现场的各项规章制度和安全操作规程，并服从买方的现场管理。

3. 供货要求

招标人应尽可能清晰准确地提出对材料、设备的需求：对所需材料的名称、规格、数量及单位、交货期、交货地点、质量标准、验收标准、相关服务要求等做出具体说明；对所需设备的名称、规格、数量及单位、交货期、交货地点、技术性能指标、检验考核要求、技术服务和质保期服务要求等做出具体说明。

四、建设工程材料、设备采购招标开标、评标和定标

（一）开标

按照招标文件规定的时间、地点公开开标。开标由招标人组织，邀请上级主管部门监督，公证机关进行现场公证。投标单位派代表参加开标仪式，并对开标结果签字确认。

（二）评标

评标前，应当制定评标程序、方法、标准以及评标纪律。评标应当依据招标文件的规定以及投标文件所提供的内容评议并确定中标单位。在评标过程中，应当平等、公正地对待所有投标者，招标单位不得任意修改招标文件的内容或提出其他附加条件作为中标条件，不得以最低报价作为中标的唯一标准。评标过程中，如有必要可请投标单位对其投标内容做澄清解释。澄清时，不得对投标内容做实质性修改。澄清解释的内容必要时可做书面纪要，经投标单位授权代表签字后，作为投标文件的组成部分。设备招标的评标工作一般不超10天，大型项目设备招标的评标工作最多不超过30天。

1. 评标方法

设备、材料采购评标中可采用综合评估法、经评审的最低投标价法、综合评标价法、

全寿命费用评标价法等评标方法。技术简单或技术规格、性能、制作工艺要求统一的货物，一般采用经评审的最低投标价法进行评标。技术复杂或技术规格、性能、制作工艺要求难以统一的货物，一般采用综合评估法进行评标。最低投标价不得低于成本。

2. 评标步骤

评标步骤包括初步评审和详细评审。

初步评审主要由评标委员会根据评标办法的规定对投标文件和投标人提供的有关证明和证件的原件进行初步评审。有一项不符合评审标准的，如投标文件没有对招标文件的实质性要求和条件做出响应，或者对招标文件的偏差超出招标文件规定的偏差范围或最高项数，或者有串通投标、弄虚作假、行贿等违法行为，评标委员会应当否决其投标。

投标报价有算术错误及其他错误的，评标委员会需要要求投标人对投标报价进行修正，修正应按以下原则进行，投标文件中的大写金额与小写金额不一致的，以大写金额为准；总价金额与单价金额不一致的，以单价金额为准，但单价金额小数点有明显错误的除外；投标报价为各分项报价金额之和，投标报价与分项报价的合价不一致的，应以各合价累计数为准，修正投标报价；如果分项报价中存在缺漏项，则视为缺漏项价格已包含在其他分项报价之中。

通过初步评审的投标文件要进行详细评审，对投标文件的商务、技术和报价进行进一步的分析比较，并按评标办法计算出得分高低，排出中标候选人次序。评标委员会发现投标人的报价明显低于其他投标报价，使得其投标报价可能低于其成本的，应当要求该投标人做出书面说明并提供相应的证明材料。投标人不能合理说明或者不能提供相应证明材料的，由评标委员会认定该投标人以低于成本报价竞标，并否决其投标。

3. 评标报告

除招标人授权评标委员会直接确定中标人外，评标委员会按照得分由高到低的顺序推荐中标候选人，中标候选人应当限定在1~3人并标明排序。评标委员会完成评标后，应当向招标人提交书面评标报告和中标候选人名单，评标报告由评标委员会全体成员签字。

（三）定标

1. 现场考查

现场考查的目的就是对投标人的投标文件内容进行详细核实，确保设备万无一失。采购人应成立由采购人代表、技术专家等人员组成的考查组，按评标委员会推荐的中标候选人顺序进行实地考查，考查内容包括资质证件、原材料采购程序、生产工艺、质量控制、售后服务情况等。如排序第一的中标候选人通过考查，则不再对其他的中标候选人进行考查。否则，要继续对排序第二的中标候选人进行考查，依此类推。考查结束后，考查组要书写考查情况报告，并由考查组成员签字确认。

2. 确定中标人

评标委员会提出书面评标报告后，招标人一般应当在 15 日内确定中标人，但最迟应当在投标有效期结束日 30 个工作日前确定。使用国有资金投资或者国家融资的项目，招标人应当确定排名第一的中标候选人为中标人。排名第一的中标候选人放弃中标、因不可抗力提出不能履行合同，或者招标文件规定应当提交履约保证金而在规定的期限内未能提交的，招标人可以确定排名第二的中标候选人为中标人。排名第二的中标候选人因前款规定的同样原因不能签订合同的，招标人可以确定排名第三的中标候选人为中标人。招标人可以授权评标委员会直接确定中标人。

3. 发出中标通知书

招标人不得向中标人提出压低报价、增加配件或者售后服务量以及其他超出招标文件规定的违背中标人意愿的要求，以此作为发出中标通知书和签订合同的条件。

中标通知书由招标人发出，也可以委托其招标代理机构发出。中标通知书对招标人和中标人具有法律效力。中标通知书发出后，招标人改变中标结果的，或者中标人放弃中标项目的，应当依法承担法律责任。

4. 签订书面合同

招标人和中标人应当自中标通知书发出之日起 30 日内，按照招标文件和中标人的投标文件订立书面合同。招标人和中标人不得再行订立背离合同实质性内容的其他协议。

招标文件要求中标人提交履约保证金或者其他形式履约担保的，中标人应当提交；拒绝提交的视为放弃中标项目。招标人要求中标人提供履约保证金或其他形式履约担保的，招标人应当同时向中标人提供货物款支付担保。

5. 招投标情况的书面报告

依法必须进行货物招标的项目，招标人应当自确定中标人之日起 15 日内，向有关行政监督部门提交招标投标情况的书面报告。书面报告至少应包括下列内容：

①招标货物基本情况；

②招标方式和发布招标公告或者资格预审公告的媒介；

③招标文件中投标人须知、技术条款、评标标准和方法、合同主要条款等内容；

④评标委员会的组成和评标报告；

⑤中标结果。

第六章　房屋与市政建设工程施工合同履行及管理

第一节　建设工程施工合同履行的概念及原则

一、施工合同履行的概念

合同的履行，指的是合同规定义务的执行。任何合同规定义务的执行，都是合同的履行行为；相应地，凡是不执行合同规定义务的行为，都是合同的不履行。因此，合同的履行表现为当事人执行合同义务的行为。当合同义务执行完毕时，合同也就履行完毕。

（一）履行合同的行为过程

当事人完成合同义务的整个行为过程，不仅包括当事人的依约交付行为，而且还应包括当事人为完成最终交付行为所实施的一系列准备行为。尽管在通常情况下，准备行为并非合同义务，但绝不能因此得出准备行为不是合同履行行为的结论。

建设工程施工合同纠纷以施工行为地为合同履行地。

（二）建设工程施工合同履行管理

1. 发包人的工作

（1）许可或批准

发包人应遵守法律，并办理法律规定由其办理的许可、批准或备案，包括但不限于建设用地规划许可证，建设工程规划许可证，建设工程施工许可证，施工所需临时用水、临时用电、中断道路交通、临时占用土地等许可和批准。发包人应协助承包人办理法律规定的有关施工证件和批件。

因发包人原因未能及时办理完毕前述许可、批准或备案，由发包人承担由此增加的费用和（或）延误的工期，并支付承包人合理的利润。

（2）发包人代表

发包人更换发包人代表的，应提前 7 天书面通知承包人。发包人代表不能按照合同约定履行其职责及义务，并导致合同无法继续正常履行的，承包人可以要求发包人撤换发包人代表。

（3）提供施工现场

除专用合同条款另有约定外，发包人应最迟于开工日期 7 天前向承包人移交施工现场。

（4）提供施工条件

除专用合同条款另有约定外，发包人应负责提供施工所需要的条件，包括以下几项：

①将施工用水、电力、通信线路等施工所必需的条件接至施工现场内；

②保证向承包人提供正常施工所需要的进入施工现场的交通条件；

③协调处理施工现场周围地下管线和邻近建筑物、构筑物、古树名木的保护工作，并承担相关费用；

④按照专用合同条款约定应提供的其他设施和条件。

（5）提供基础资料

发包人应当在移交施工现场前向承包人提供施工现场及工程施工所必需的毗邻区域内供水、排水、供电、供气、供热、通信、广播电视等地下管线资料，气象和水文观测资料，地质勘察资料，相邻建筑物、构筑物和地下工程等有关基础资料，并对所提供资料的真实性、准确性和完整性负责。

因发包人原因未能按合同约定及时向承包人提供施工现场、施工条件、基础资料的，由发包人承担由此增加的费用和（或）延误的工期。

（6）资金来源证明及支付担保

除专用合同条款另有约定外，发包人应在收到承包人要求提供资金来源证明的书面通知后 28 天内，向承包人提供能够按照合同约定支付合同价款的相应资金来源证明。

除专用合同条款另有约定外，发包人要求承包人提供履约担保的，发包人应当向承包人提供支付担保。支付担保可以采用银行保函或担保公司担保等形式，具体由合同当事人在专用合同条款中约定。

（7）支付合同价款

发包人应按合同约定向承包人及时支付合同价款。

（8）组织竣工验收

发包人应按合同约定及时组织竣工验收。

（9）现场统一管理协议

发包人应与承包人、由发包人直接发包的专业工程的承包人签订施工现场统一管理协议，明确各方的权利和义务。施工现场统一管理协议作为专用合同条款的附件。

2. 承包人的一般义务

承包人在履行合同过程中应遵守法律和工程建设标准规范，并履行以下义务：

①办理法律规定应由承包人办理的许可和批准，并将办理结果书面报送发包人留存；

②按法律规定和合同约定完成工程，并在保修期内承担保修义务；

③按法律规定和合同约定采取施工安全和环境保护措施，办理工伤保险，确保工程及人员、材料、设备和设施的安全；

④按合同约定的工作内容和施工进度要求，编制施工组织设计和施工措施计划，并对所有施工作业和施工方法的完备性和安全可靠性负责；

⑤在进行合同约定的各项工作时，不得侵害发包人与他人使用公用道路、水源、市政管网等公共设施的权利，避免对邻近的公共设施产生干扰。承包人占用或使用他人的施工场地，影响他人作业或生活的，应承担相应责任；

⑥约定负责施工场地及其周边环境与生态的保护工作；

⑦约定采取施工安全措施，确保工程及其人员、材料、设备和设施的安全，防止因工程施工造成人身伤害和财产损失；

⑧将发包人按合同约定支付的各项价款专用于合同工程，且应及时支付其雇用人员工资，并及时向分包人支付合同价款；

⑨按照法律规定和合同约定编制竣工资料，完成竣工资料立卷及归档，并按专用合同条款约定的竣工资料的套数、内容、时间等要求移交发包人；

⑩应履行的其他义务，承包人应做的其他工作，双方在专用条款内约定。

施工准备阶段对开工的管理。除专用合同条款另有约定外，承包人应按照施工组织设计约定的期限，向监理人提交工程开工报审表，经监理人报发包人批准后执行。开工报审表应详细说明按施工进度计划正常施工所需的施工道路、临时设施、材料、工程设备、施工设备、施工人员等落实情况以及工程的进度安排。

建设工程施工过程中的检查和返工。承包人应认真按照标准、规范和设计要求以及工程师依据合同发出的指令施工，随时接受工程师及其委派人员的检查检验，并为检查检验提供便利条件。工程质量达不到约定标准的部分，工程师一经发现，可要求承包人拆除和重新施工，承包人应按工程师及其委派人员的要求拆除和重新施工，承担由于自身原因导致拆除和重新施工的费用，工期不予顺延。

经过工程师检查检验合格后，又发现因承包人原因出现的质量问题，仍由承包人承担责任，赔偿发包人的直接损失，工期不予顺延。

工程师的检查检验原则上不应影响施工正常进行。如果实际影响了施工的正常进行，其后果责任由检验结果的质量是否合格来区分合同责任。检查检验不合格时，影响正常施工的费用由承包人承担。除此之外，影响正常施工的追加合同价款由发包人承担，相应顺延工期。

因工程师指令失误和其他非承包人原因发生的追加合同价款，由发包人承担。

建设工程施工过程中的重新检验。无论工程师是否参加了验收，当其对某部分的工程质量有怀疑，均可要求承包人对已经隐蔽的工程进行重新检验。承包人接到通知后，应按要求进行剥离或开孔，并在检验后重新覆盖或修复。

重新检验表明质量合格，发包人承担由此发生的全部追加合同价款，赔偿承包人损失，并相应顺延工期；检验不合格，承包人承担发生的全部费用，工期不予顺延。

二、施工合同履行的原则

施工合同履行的原则，是指法律规定的所有种类合同的当事人在履行合同的整个过程中所必须遵循的一般准则。根据中国合同立法及司法实践，合同的履行除应遵守平等、公平、诚实信用等民法基本原则外，还应遵循以下合同履行的特有原则，即适当履行原则、协作履行原则、经济合理原则和情势变更原则。以下就这些合同履行的特有原则加以介绍。

（一）适当履行原则

适当履行原则是指当事人应依合同约定的标的、质量、数量，由适当主体在适当的期限、地点，以适当的方式全面完成合同义务的原则。这一原则要求：第一，履行主体适当。即当事人必须亲自履行合同义务或接受履行，不得擅自转让合同义务或合同权利让其他人代为履行或接受履行。第二，履行标的物及其数量和质量适当。即当事人必须按合同约定的标的物履行义务，而且还应依合同约定的数量和质量来给付标的物。第三，履行期限适当。即当事人必须依照合同约定的时间来履行合同，债务人不得迟延履行，债权人不得延迟受领；如果合同未约定履行时间，则双方当事人可随时提出或要求履行，但必须给对方必要的准备时间。第四，履行地点适当。即当事人必须严格依照合同约定的地点来履行合同。第五，履行方式适当。履行方式包括标的物的履行方式以及价款或酬金的履行方式，当事人必须严格依照合同约定的方式履行合同。

（二）协作履行原则

协作履行原则是指在合同履行过程中，双方当事人应互助合作共同完成合同义务的原则。合同是双方民事法律行为，不仅仅是债务人一方的事情，债务人实施给付，需要债权人积极配合受领给付，才能达到合同目的。由于在合同履行的过程中，债务人比债权人更多地应受诚实信用、适当履行等原则的约束，合同协作履行往往是对债权人的要求。协作履行原则也是诚实信用原则在合同履行方面的具体体现。协作履行原则具有以下几个方面的要求：第一，债务人履行合同债务时，债权人应适当受领给付；第二，债务人履行合同债务时，债权人应创造必要条件、提供方便；第三，债务人因故不能履行或不能完全履行合同义务时，债权人应积极采取措施防止损失扩大，否则，应就扩大的损失自负其责。

（三）经济合理原则

经济合理原则是指在合同履行过程中，应讲求经济效益，以最少的成本取得最佳的合同效益。在市场经济社会中，交易主体都是理性地追求自身利益最大化的主体，因此，如何以最少的履约成本完成交易，一直都是合同当事人所追求的目标。由此，交易主体在合同履行的过程中遵守经济合理原则是必然的要求。

（四）情势变更原则

合同有效成立以后，若非因双方当事人的原因而构成合同基础的情势发生重大变更，致使继续履行合同将导致显失公平，则当事人可以请求变更和解除合同。

变更是指构成合同基础的情势发生根本的变化。在合同有效成立之后、履行之前，如果出现某种不可归责于当事人原因的客观变化会直接影响合同履行结果时，若仍然要求当事人按原来合同的约定履行合同，往往会给一方当事人造成显失公平的结果，这时，法律允许当事人变更或解除合同而免除违约责任的承担。这种处理合同履行过程中情势发生变化的法律规定，就是情势变更原则。

情势变更原则实质上是诚实信用原则在合同履行中的具体运用，其目的在于消除合同因情势变更所产生的不公平后果。自20世纪第二次世界大战后，由于战争的破坏，战后物价暴涨，通货膨胀十分严重。为了解决战前订立的合同在战后的纠纷，各国学者特别是德国学者借鉴历史上的"情势不变条款"理论，提出了情势变更原则，并经法院采为裁判的理由，直接具有法律上的效力。经过长期的发展，这一原则已成为当代合同法中的一个极具特色的法律原则，为各国法所普遍采用。我国法律虽然没有规定情势变更原则，但在司法实践中，这一原则已为司法裁判所采用。因此，情势变更原则，既是合同变更或解除的一个法定原因，更是解决合同履行中情势发生变化的一项具体规则。

（五）合同约定不明时的履行原则

①合同的订立应明确、具体、全面，但由于主客观原因，致使有些合同欠缺某些必要条款。如果合同中未做约定或约定不明确的，当事人要进行协议补充，使其具体、明确、完备。不能达成补充的，按照《合同法》有关条款或者交易习惯确定，而不必再由当事人自行决定。

②质量条款不明确的履行规则。《合同法》规定质量要求不明确的，按照国家标准、行业标准履行；没有国家标准、行业标准的，按照通常标准或者符合合同目的的特定标准履行。我国的质量标准分为国家标准、行业标准、地方标准和企业标准。国家标准是国务院标准化行政主管部门对需要在全国范围内统一的技术要求所制定的标准。行业标准是行政主管部门对没有国家标准的某些行业统一的标准。通常标准指在同类产品的交易中，产品应当达到的公认或者普遍接受的中等水平的质量要求。

③价款或者报酬条款不明确的履行规则。价款或者报酬不明确的，按照订立合同时履行地的市场价格，依法应当执行政府定价或者政府指导价的，按照规定履行。市场价格是指市场中同类交易的平均价格。在市场价格已成为国家价格主体的情况下，价款或者报酬条款不明确时，其履行规则应当以市场价为依据。政府定价或者政府指导价的产品主要指与国民经济发展和人民生活关系重大的极少数商品、资源稀缺的少数商品、自然垄断经营，主要公用事业、公益性服务。

④履行地点不明确的履行规则。履行地点不明确的，给付货币的，在接受货币一方所在地履行；交付不动产的，在不动产所在地履行；其他标的，在履行义务一方所在地履行。

⑤履行期限不明确的履行规则。履行期限不明确的，债务人可以随时履行义务，债权人应当接受债务人履行。债权人也可以随时请求债务人履行债务，但应当给予对方以必要的准备时间。

⑥履行方式不明确时的履行规则。履行方式不明确的，按照有利于实现合同目的的方式履行，也即按照合同的性质和当事人订立合同的期望来确定。

⑦履行费用负担不明确的履行规则。履行费用的负担不明确的，由履行义务的一方负担。

⑧合同履行过程中价格变动时的履行规则。执行政府定价或者政府指导价的，在合同约定的交付期限内政府价格调整时，按照交付时的价格计价。逾期交付标的物的，遇价格上涨时按照原价格执行；价格下降时，按照新价格执行。逾期提取标的物或者逾期付款的，遇价格上涨时，按照新价格执行；价格下降时，按照原价格执行。履行的规则是惩罚

违约方，谁违约，谁就要承担不利的后果。

第二节　建设工程施工合同分析

一、施工合同分析概述

（一）施工合同分析的概念

施工合同分析是将合同目标和合同条款规定落实到合同施工的具体问题和具体事件上，用以指导具体工作，使合同能顺利地履行，最终实现合同目标。施工合同分析是解决"如何做"的问题，是从执行的角度解释合同。它是将合同目标和合同规定落实到合同实施的具体问题和具体事件，用以指导具体工作，使合同能符合日常工程管理的需要，使工程按合同施工。施工合同分析应作为承包商项目管理的起点。

（二）施工合同分析的必要性

承包商在合同实施过程中的基本任务是使自己圆满地完成合同责任。整个合同责任的完成是靠在一段段时间内，完成一项项工程和一个个工程活动实现的，所以，合同目标和责任必须贯彻落实在合同实施的具体问题上和各工程小组以及各分包商的具体工程活动中。承包商的各职能人员和各工程小组都必须熟练地掌握合同，用合同指导工程实施和工作，以合同作为行为准则。但在实际工作中，承包商的各职能人员和各工程小组不能都手执一份合同，遇到具体问题都由各人查阅合同，因为合同本身有如下不足之处：

①合同条文往往不直观明了，一些法律语言不容易理解。只有在合同实施前进行合同分析，将合同规定用最简单易懂的语言和形式表达出来，使人一目了然，这样才能方便日常管理工作。承包商、项目经理、各职能人员和各工程小组也不必经常为合同文本和合同式的语言所累。

工程参加者各方，以及各层管理人员对合同条文的解释必须有统一性和同一性。在业主与承包商之间，合同解释权归工程师。而在承包商的施工组织中，合同解释权必须归合同管理人员。如果在合同实施前，不对合同做分析和统一的解释，而让各人在执行中翻阅合同文本，极容易造成解释不统一，而导致工程实施中的混乱。特别对复杂的合同，或承包商不熟悉的合同条件，各方面合同关系比较复杂的工程，这个工作极为重要。

②在一个工程中，合同是一个复杂的体系，几份、十几份甚至几十份合同之间有十分复杂的关系。即使对一份工程承包合同，它的内容没有条理性，有时某一个问题可能在许

多条款，甚至在许多合同文件中规定，在实际工作中使用极不方便。例如，对一分项工程，工程量和单价在工程量清单中，质量要求包含在工程图纸和规范中，工期按进度计划，而合同双方的责任、价格结算等又在合同文本的不同条款中。这容易导致执行中的混乱。

③合同事件和工程活动的具体要求（如工期、质量、费用等），合同各方的责任关系，事件和活动之间的逻辑关系极为复杂。要使工程按计划有条理地进行，必须在工程开始前将它们落实下来，并从工期、质量、成本、相互关系等各方面予以定义。

④许多工程小组、项目管理职能人员所涉及的活动和问题不是全部合同文件，而仅为合同的部分内容。他们没有必要在工程实施中死抱着合同文件。通常比较好的办法是由合同管理专家先做全面分析，再向各职能人员和工程小组进行合同交底。

⑤在合同中依然存在问题和风险，包括合同审查时已经发现的风险和还可能隐藏着的尚未发现的风险。合同中还必然存在用词含糊，规定不具体、不全面，甚至矛盾的条款。在合同实施前有必要做进一步的全面分析，对风险进行确认和界定，具体落实对策措施。风险控制，在合同控制中占有十分重要的地位。如果不能透彻地分析出风险，就不可能对风险有充分的准备，则在实施中很难进行有效的控制。

⑥合同分析实质上又是合同执行的计划，在分析过程中应具体落实合同执行战略。

⑦在合同实施过程中，合同双方会有许多争执。合同争执常常起因于合同双方对合同条款理解的不一致。要解决这些争执，首先必须做合同分析，按合同条文的表达，分析它的意思，以判定争执的性质。要解决争执，双方必须就合同条文的理解达成一致。在索赔中，索赔要求必须符合合同规定，通过合同分析可以提供索赔理由和根据。

（三）施工合同基本要求

①准确性和客观性。合同分析的结果应准确、全面地反映合同内容。如果分析出现误差，它必然反映在执行中，导致合同实施的更大的失误。客观性，即分析不能自以为是和想当然。

②简易性。合同分析的结果必须是不同层次的管理人员、工作人员能接受的表达方式。

③合同双方的一致性。合同分析的结果应能为对方所接受，但它确实是承包商单方面对合同的详细解释。

④全面性。合同分析应是全面的，对全部合同文件的解释。全面、整体地理解，不能断章取义。

二、施工合同总体分析

(一) 概述

施工合同总体分析的主要对象是合同协议书和合同条件等。通过施工合同总体分析，将合同条款和合同规定落实到一些带全局性的问题上。通常在下列两种情况下进行：

第一，在合同签订后、实施前，承包商首先必须做合同总体分析。

合同总体分析的结果是工程施工总的指导性文件，它将它以最简单的形式和最简洁的语言表达出来，交项目经理、各职能人员，并进行合同交底。

第二，在重大的争执处理过程中，尤其在索赔工作中有如下重要作用（分析的重点是合同文本中与索赔有关的条款）：

①提供索赔的理由和根据；

②合同总体分析的结果直接作为索赔报告的一部分；

③作为索赔事件责任分析的依据；

④提供索赔值计算方式和计算基础的规定；

⑤索赔谈判中的主要攻守依据。

(二) 合同总体分析的内容和详细程度

①分析目的：履行前进行详细分析，若争执时只分析相关内容。

②承包商的职能人员、分包商和工程小组对合同文本的熟悉程度。

③工程和合同文本的特殊性。

(三) 合同总体分析的内容

在不同的时期，为了不同的目的，有不同的内容，通常有以下几项：

①合同的法律基础；

②合同类型；

③合同文件和合同语言；

④承包商的合同责任和权利（是重点分析的内容）；

⑤业主的权利和责任（主要分析业主的权利和合作责任以及承包商容易违约的地方）；

⑥工程质量管理、验收、移交和保修；

⑦合同价格（应重点分析）；

⑧施工工期；

⑨违约责任;

⑩索赔程序和争执的解决。

三、施工合同详细分析

(一) 概述

施工合同详细分析是整个项目组的工作，应由合同管理人员、工程技术人员、预算员完成。

承包合同的实施由许多具体的工程活动和合同双方的其他经济活动构成。这些活动也都是为了实现合同目的，履行合同责任，也必须受合同的制约和控制。这些工程活动所确定的状态常常又被称为合同事件。对一个确定的承包合同，承包商的工程范围和合同责任是一定的，则相关的合同事件和工程活动也应是一定的。通常在一个工程中，这样的事件可能有几百甚至几千件。在工程中，合同事件之间存在一定的技术上、时间上和空间上的逻辑关系，形成网络，所以又被称为合同事件网络。

(二) 施工合同详细分析具体实施

为了使工程有计划、有秩序、按合同实施，必须将承包合同目标、要求和合同双方的责权利关系分解落实到具体的工程活动上。这就是合同详细分析。合同详细分析的对象是合同协议书、合同条件、规范、图纸、工作量表。它主要通过合同事件表、网络图、横道图等定义各工程活动。合同详细分析的结果最重要的部分是合同事件表。

①编码。这是为了计算机数据处理的需要，对事件的各种数据处理都靠编码识别。所以编码要能反映事件的各种特性，如所属的项目、单项工程、单位工程、专业性质、空间位置等。通常它应与网络事件（或活动）的编码有一致性。

②事件名称和简要说明。

③变更次数和最近一次的变更日期。它记载着与本事件相关的工程变更。在接到变更指令后，应落实变更，修改相应栏目的内容。

最近一次的变更日期表示，从这一天以来的变更尚未考虑到。这样可以检查每个变更指令落实情况，既防止重复，又防止遗漏。

④事件的内容说明。这里主要为该事件的目标，如某一分项工程的数量、质量、技术要求以及其他方面的要求。这由合同的工程量清单、工程说明、图纸、规范等定义，是承包商应完成的任务。

⑤前提条件。它记录着本事件的前导事件或活动，即本事件开始前应具备的准备工作

或条件。它不仅确定事件之间的逻辑关系，是构成网络计划的基础，而且确定了各参加者之间的责任界限。

⑥本事件的主要活动。即完成该事件的一些主要活动和它们的实施方法、技术、组织措施。这完全从施工过程的角度进行分析。这些活动组成该事件的子网络，例如上述设备安装由现场准备，施工设备进场、安装，基础找平、定位，设备就位，吊装，固定，施工设备拆卸、出场等活动组成。

⑦责任人。即负责该事件实施的工程小组负责人或分包商。

⑧成本（或费用）。这里包括计划成本和实际成本。有如下两种情况：

第一，若该事件由分包商承担，则计划费用为分包合同价格。如果在总包和分包之间有索赔，则应修改这个值。而相应的实际费用为最终实际结算账单金额总和。

第二，若该事件由承包商的工程小组承担，则计划成本可由成本计划得到，一般为直接费成本。而实际成本为会计核算的结果，在该事件完成后填写。

⑨计划和实际的工期。计划工期由网络分析得到。这里有计划开始期、结束期和持续时间。实际工期按实际情况，在该事件结束后填写。

⑩其他参加人。即对该事件的实施提供帮助的其他人员。

（三）施工合同详细分析的内容与目标

从上述内容可见，合同事件表从各个方面定义了合同事件。合同详细分析是承包商的合同执行计划，它包容了工程施工前的整个计划工作：

①工程项目的结构分解，即工程活动的分解和工程活动逻辑关系的安排。

②技术会审工作。

③工程实施方案，总体计划和施工组织计划。在投标书中已包括这些内容，但在施工前，应进一步细化，做详细的安排。

④工程的成本计划。

⑤合同详细分析不仅针对承包合同，而且包括与承包合同同级的各个合同的协调，包括各个分合同的工作安排和各分合同之间的协调。

所以，合同详细分析是整个项目组的工作，应由合同管理人员、工程技术人员、计划师、预算师（员）共同完成。

合同事件表对项目的目标分解，任务的委托（分包），合同交底，落实责任，安排工作，进行合同监督、跟踪、分析，处理索赔（反索赔）非常重要。

第三节　建设工程施工合同实施控制

一、施工合同实施控制的概念

要完成目标就必须对其实施有效的控制，控制是项目管理的重要职能之一。所谓控制，是指行为主体为保证在变化的条件下实现其目标，按照拟订的计划和标准，通过各种方法，对被控制对象实施中发生的各种实际值与计划值进行检查、对比、分析、纠正，以保证工程实施按预定的计划进行，顺利地实现预定的目标。

施工合同控制是指承包商的合同管理组织为保证合同所约定的各项义务的全面完成及各项权利的实现，以施工合同分析的成果为基准，对整个施工合同实施过程进行全面监督、检查、对比和纠正的管理活动。

（一）工程目标控制

合同定义了一定范围工程或工作的目标，它是整个工程项目目标的一部分。这个目标必须通过具体的工程活动实现。由于在工程中各种干扰的作用，常常使工程实施过程偏离总目标。控制就是为了保证工程实施按预定的计划进行，顺利地实现预定的目标。

（二）工程中的目标控制程序

①工程实施监督。目标控制，首先应表现在对工程活动的监督上，即保证按照预先确定的各种计划、设计、施工方案实施工程。工程实施状况反映在原始的工程资料（数据）上，如质量检查报告、分项工程进度报告、记工单、用料单、成本核算凭证等。

工程实施监督是工程管理的日常事务性工作。

②跟踪，即将收集到的工程资料和实际数据进行整理，得到能反映工程实施状况的各种信息，如各种质量报告、各种实际进度报表、各种成本和费用收支报表及它们的分析报告。将这些信息与工程目标，如合同文件、合同分析文件、计划、设计等进行对比分析。这样可以发现两者的差异，差异的大小，即工程实施偏离目标的程度。如果没有差异，或差异较小，则可以按原计划继续实施工程。

③诊断，即分析差异的原因，采取调整措施。差异表示工程实施偏离了工程目标，必须详细分析差异产生的原因和它的影响，并对症下药，采取措施进行调整，否则这种差异会逐渐积累，越来越大，最终导致工程实施远离目标，甚至可能导致整个工程的失败。所以，在工程实施过程中要不断地进行调整，使工程实施一直围绕合同目标进行。

（三）施工合同实施控制的特点

①成本、质量、工期是合同定义的三大目标，承包商最根本的合同责任是达到这三大目标，所以，合同控制是其他控制的保证。通过合同控制可以使质量控制、进度控制、成本控制协调一致，形成一个有序的项目管理过程。

②从 FIDIC 合同总体分析可见，承包商除必须按合同规定的质量要求和进度计划，完成工程的设计、施工、竣工和保修责任外，还必须对实施方案的安全、稳定负责；对工程现场的安全、秩序、清洁和工程保护负责；遵守法律，执行工程师的指令；对自己的工作人员和分包商承担责任；按合同规定及时提供履约担保，购买保险等。同时，承包商有权获得合同规定的必要的工作条件，如场地、道路、图纸、指令；要求工程师公平、正确地解释合同；有及时、如数地获得工程付款的权利；有决定工程实施方案，并选择更为科学、合理的实施方案的权利；有对业主和工程师违约行为的索赔权利等。这一切都必须通过合同控制来实施。

③合同控制的最大特点是它的动态性。这个动态性表现在以下两个方面：

第一，合同实施受到外界干扰，常常偏离目标，要不断地进行调整。

第二，合同目标本身不断地变化。例如，在工程施工过程中不断出现合同变更，使工程的质量、工期、合同价格变化，使合同双方的责任和权益发生变化。这样，合同控制就必须是动态的，合同实施就必须随变化了的情况和目标不断调整。

二、施工合同实施控制的日常工作内容

施工合同实施控制的主要工作包括合同交底、合同跟踪与诊断、合同变更管理和合同索赔管理等。

①合同交底：在合同实施前，合同谈判人员应进行合同交底。合同交底应包括合同的主要内容、合同实施的主要风险、合同签订过程中的特殊问题、合同实施计划和合同实施责任分配等内容。组织管理层应监督项目经理部的合同执行行为，并协调各分包人的合同实施工作。

②合同跟踪与诊断：全面收集并分析合同实施的信息，将合同实施情况与合同实施计划进行对比分析，找出其中的偏差。定期诊断合同履行情况，诊断内容应包括合同执行差异的原因分析、责任分析以及实施趋向预测。应及时通报合同实施情况及存在问题，提出有关意见和建议，并采取相应措施。

③合同变更管理：包括变更协商、变更处理程序、制定并落实变更措施、修改与变更相关的资料以及结果检查等工作。

④合同索赔管理：承包人对发包人、分包人、供应单位之间的索赔管理工作应包括预测、寻找和发现索赔机会；收集索赔的证据和理由，调查和分析干扰事件的影响，计算索赔值；提出索赔意向和报告。

承包人对发包人、分包人、供应单位之间的反索赔管理工作应包括对收到的索赔报告进行审查分析，收集反驳理由和证据，复核索赔值，起草并提出反索赔报告；通过合同管理，防止反索赔事件的发生。

三、施工合同实施控制的方法

（一）被动控制

被动控制是控制者通过对计划的实施进行跟踪，从计划的实际输出中发现偏差，对偏差采取措施，及时纠正的控制方式。

被动控制实际上是在项目实施过程中、事后检查过程中发现问题及时处理的一种控制，因此仍为一种积极的、十分重要的控制方式。被动控制主要体现在：应用现代化方法、手段，跟踪、测试、检查整个项目实施过程的数据，发现异常情况及时采取措施；建立控制组织、明确控制责任，检查发现情况及时处理；建立有效的信息反馈系统，及时将偏离计划目标值进行反馈，以使其及时采取措施。

（二）主动控制

根据已经掌握的可靠信息，预先分析目标偏离的可能性，并拟定和采取各项预防性措施，以保证计划目标得以实现。

主动控制是一种对未来的控制，它可以最大可能地改变即将成为事实的被动局面，从而使控制更加有效。当根据已掌握的可靠信息，分析预测得出系统将要输出偏离计划的目标时即制定纠正措施并向系统输入，以使系统不发生目标的偏离。它是在事情发生之前就采取了措施的控制。主动控制措施包括：详细调查并分析外部环境条件；识别风险和风险管理；科学制订计划，做好计划可行性分析；高质量地做好组织工作，使组织与目标和计划高度一致；制订必要的应急备用方案；加强信息收集、整理和研究工作，为预测招标采购项目的未来发展提供全面、及时、可靠的信息。

（三）主动控制和被动控制相结合

主动控制与被动控制对合同管理而言缺一不可，均为实现项目目标所必须采用的控制方式。有效的控制是将主动控制和被动控制紧密地结合起来，力求加大主动控制在控制过程中的比例，同时进行定期、连续的被动控制，才能有效保障项目目标控制的根本任务的完成。

四、施工合同跟踪与诊断

（一）施工合同跟踪

1. 含义

①承包单位的合同管理职能部门对合同执行者（项目经理部或项目参与人）的履行情况进行的跟踪、监督和检查。

②合同执行者（项目经理部或项目参与人）本身对合同计划的执行情况进行的跟踪、检查与对比。

2. 内容

（1）合同跟踪的依据

①合同以及依据合同而编制的各种计划文件；

②各种实际工程文件，如原始记录、报表、验收报告等；

③管理人员对现场情况的直观了解，如现场巡视、交谈、会议、质量检查等。

（2）合同跟踪的对象

①承包的任务。

a. 工程施工的质量；

b. 工程进度；

c. 工程数量；

d. 成本的增加和减少。

②工程小组或分包人的工程和工作。对专业分包人的工作和负责的工程，总承包商负有协调和管理的责任，并承担由此造成的损失，故专业分包人的工作和负责的工程必须纳入总承包工程的计划和控制中。

③业主和其委托的工程师的工作。

a. 业主是否及时、完整地提供了工程施工的实施条件，如场地、图纸、资料等。

b. 业主和工程师是否及时给予了指令、答复和确认等。

c. 业主是否及时并足额地支付了应付的工程款项。

3. 合同跟踪的作用

①通过合同实施情况分析，找出偏离，以便及时采取措施，调整合同实施过程，达到

合同总目标。

②在整个工程建设过程中，使项目管理人员一直清楚地了解合同实施情况，对合同实施现状、趋向和结果有一个清醒的认识。

(二) 施工合同诊断

合同诊断是对合同执行情况的评价、判断和趋向分析、预测。

①逐条分析各个问题产生差异的原因及内部和外部的各种影响因素，并分析各种影响因素影响程度的大小。

②分别确定各个影响因素由谁引起，按合同规定应由谁承担责任以及承担责任的大小。

③对这些问题和差异采取什么样的解决措施。如责任方增加生产要素投入，采取新的技术方案，提出索赔要求，修改计划或修订合同。总之，使合同管理贯穿于从投标到工程竣工的全过程，既有利于合同目标的实现，又使技术和经济相结合，产生良好的经济效益。

第四节 建设工程施工合同变更管理

一、施工合同变更的概念

建设工程施工合同变更的概念有广义和狭义之分。从广义上理解，建设工程施工合同的变更不仅包括合同内容的变更，而且还包括合同主体的变更；从狭义上理解，建设工程施工合同的变更仅指合同内容的变更。由于合同主体的变更实际上是合同权利和义务的转让，而且《中华人民共和国合同法》将合同变更与合同转让进行了区分。因此，这里的建设工程施工合同的变更是指狭义上的变更，即建设工程施工合同内容的变更。

根据《中华人民共和国合同法》的规定，建设工程施工合同的变更，包括法定变更与协议变更两种情形。

①法定变更即依据法律规定而变更合同内容。国务院颁布的《建设工程勘察设计管理条例》第二十八条规定，建设单位、施工单位、监理单位不得修改建设工程勘察、设计文件；确需修改建设工程勘察、设计文件的，应当由原建设工程勘察、设计单位修改。经原建设工程勘察、设计单位书面同意，建设单位也可以委托具有相应资质的工程勘察、设计单位修改。修改单位对修改的勘察、设计文件承担相应责任。施工单位、监理单位发现建设工程勘察设计文件不符合建设强制性标准、合同约定的质量要求的，应当报告建设单

位，建设单位有权要求建设工程勘察、设计单位对建设工程勘察、设计文件进行补充、修改。建设工程勘察、设计文件内容需要做重大修改的，建设单位应报原审批机关批准。此条规定得很明确，作为发包人的建设单位在"确需"的条件下，是有权变更工程设计的，只是这种变更必须遵循法律规定的程序进行。

②协议变更，即合同当事人在合意的基础上，以协议的方式对合同的内容进行变更。

合同变更时，当事人应当通过协商，对原合同的部分内容条款做出修改补充或增加新的条款。例如，对原合同中规定的标的数量、质量、履行期限、地点和方式，违约责任、解决争议的方法等做出变更。当事人对合同内容变更取得一致意见时方为有效。

有效的合同变更，必须有明确的合同内容的变更。合同的变更，是指合同内容局部的、非实质性的变更，也即合同内容的变更并不会导致原合同关系的消灭和新的合同关系的产生。合同内容的变更，是在保持原合同效力的基础上，所形成的新的合同关系。此种新的合同关系应当包括原合同的实质性条款的内容。

二、施工合同变更的起因及影响

（一）施工合同变更的起因

施工合同变更，是指施工承包合同依法成立后，在工程实施过程中，发包商和承包商依法通过协商对合同的内容进行修订或调整所达成的协议。施工承包合同变更的范围包括工程性质，合同中规定的工程质量、进度、价款要求，以及合同条款中承发包双方责、权、利关系的变化等都可以被看作合同变更。最常见的工程变更有以下几种起因：

①业主对建筑物的外形或使用功能有新的想法，因此必须变更原设计方案，同时也要重新修订预算。

②由于设计人员的疏忽或其他原因造成的设计错误，必须对设计图纸做重新修改。

③由于工程条件预定不准确导致工程环境发生变化，必须重新修改施工方案和变更施工计划。

④由于应用新的技术和知识，可以大幅度降低成本，有必要变更原设计、实施方案或实施计划。

⑤由于业主指令、业主的原因造成承包商施工方案的变更。

⑥政府部门对工程新的要求，如国家计划变化、环境保护要求、城市规划变动等。

⑦由于合同实施出现问题，必须调整合同目标或修改合同条款。

⑧合同双方当事人由于倒闭或其他原因不得不转让合同，造成合同当事人的变化。

施工合同发生变更在工程实施过程中是不可避免的，这种变更通常不能免除或改变承包商的合同责任，但对合同实施影响很大，造成原"合同状态"的变化，必须对原合同规定的内容做相应的调整。由于合同变更对工程施工过程的影响大，会造成工期的拖延和费用的增加，容易引起双方的争执，所以合同双方都应十分慎重地对待合同变更。

（二）施工合同变更的影响

施工合同变更实质上是对合同的修改，是双方新的要约和承诺。这种修改通常不能免除或改变承包商的工程责任，但对合同实施影响很大，主要表现在以下几个方面：

①定义工程目标和工程实施情况的各种文件，如设计图纸、成本计划和支付计划、工期计划、施工方案、技术说明和适用的规范等，都应做相应的修改和变更。

当然，相关的其他计划也应做相应调整，如材料采购订货计划、劳动力安排、机械使用计划等。所以，它不仅引起与承包合同平行的其他合同的变化，而且还会引起所属的各个分合同，如供应合同、租赁合同、分包合同的变更。有些重大的变更会打乱整个施工部署。

②引起合同双方、承包商的工程小组之间、总承包商和分包商之间合同责任的变化。如工程量增加，则增加了承包商的工程责任，增加了费用开支并延长了工期，对此，按合同规定应有相应的补偿。这也极容易引起合同争执。

③有些工程变更还会引起已完工程的返工、现场工程施工的停滞、施工秩序打乱、已购材料的损失等，对此也应有相应的补偿。

三、施工合同变更的程序

（一）施工合同变更的程序

在工程项目实施过程中，施工合同变更的程序一般由合同规定，通常要经过申请、审查、批准到通知（指令）的程序。最理想的变更程序是，在变更执行前，合同双方已就工程变更中涉及的费用增加和工期延误的补偿协商达成一致。

1. 提出变更要求

工程变更可能由承包商提出也可能由业主或工程师提出。

2. 工程师审查变更

无论是哪一方提出的工程变更，均须由工程师审查批准。

3. 编制工程变更文件

工程变更文件包括以下几项：

①工程变更令。主要说明变更的理由和工程变更的概况、工程变更估价及对合同价的估价。

②工程量清单。工程变更的工程量清单与合同中的工程量清单相同，并须附工程量的计算记录及有关确定单价的资料。

③设计图纸（包括技术规范）。

④其他有关文件等。

4. 发出变更指示

工程师的变更指示应以书面形式发出。如果工程师认为有必要以口头形式发出指示，指示发出后应尽快加以书面形式确认。

（二）工程变更价款的估价步骤

工程变更一般要影响费用的增减，所以工程师应把全部情况告知雇主。对变更费用的批准，一般遵循以下步骤：

①工程师准备一份授权申请提出对规范和合同工程量所要进行的变更以及费用估算和变更的依据和理由。

②在雇主批准了授权的申请后，工程师要同承包商协商，确定变更的价格。如果价格等于或少于雇主批准的总额，则工程师有权向承包商发布必要的变更指示；如果价格超过批准的总额，工程师应请求雇主进一步给予授权。

③尽管已有上述程序，但为了避免耽误工作，工程师在和承包商就变更价格达成一致意见之前，有必要发布变更指示。此时，应发布一个包括两部分的变更指示，第一部分是在没有规定价格和费率时，指示承包商继续工作；在通过进一步协商之后，发布第二部分，确定适用的费率和价格。

此程序中所述任何步骤均不应影响工程师决定任何费率或价格的权力（在工程师和承包商对费率和价格不能达成一致意见时）。

④在紧急情况下，不应限制工程师向承包商发布他认为必要的此类指示。如果在上述紧急情况下采取行动，他应就此情况尽快通知雇主。

（三）工程变更估价方法

①如工程师认为适当，应以合同中规定的费率及价格进行估价。如合同中未包括适用于该变更工作的费率和价格，则应在合理的范围内使用合同中的费率和价格作为估价的基础。费率或价格确定的合适与否是导致承包商是否进行费用索赔的关键。

②如果工程师在颁发整个工程的移交证书时发现由于工程变更和工程量表上实际工

量的增加或减少（不包括暂定金额、计日工和价格调整），使合同价格的增加或减少合计超过有效合同价（指不包括暂定金额和计日工补贴的合同价格）的15%。在工程师与业主和承包商协商后，应在合同价格中加上或减去承包商和工程师议定的一笔款额，若双方未能取得一致意见，则由工程师在考虑了承包商的现场费用和上级公司管理费后确定此款额。该款额仅以超过或等于"有效合同价"15%的那一部分为基础。

③也可按计日工方法估价。工程师如认为必要和可取，可以签发指示，规定按日计工方法进行工程估价变更。对这类工程变更，应按合同中包括的按日计工表中所定的项目和承包商在投标书中对此所确定的费率或价格向承包商付款。

第七章　房屋与市政建设工程索赔管理

第一节　索赔概述

一、索赔与反索赔的概念

工程索赔通常是指在施工合同的履行过程中，合同当事人一方由于非自身原因而受到实际损失或权利损害时，通过合法程序向对方提出经济和（或）时间补偿的要求。在我国新颁布的《建设工程工程量清单计价规范》（GB 50500-2013）术语部分中，施工索赔定义如下："在工程合同履行过程中，合同当事人一方因非己方的原因而遭受损失，按照合同约定或法规规定应由对方承担责任，从而向对方提出补偿的要求。"

可见，施工索赔允许承包商获得不是由于承包商的原因造成的损失补偿，也允许业主获得由于承包商的原因而造成的损失补偿。索赔是维护施工合同签约者合法利益的一项根本性管理措施。它与合同条件中双方的合同责任一样，构成严密的合同制约关系。承包商可以向业主提出索赔，业主也可以向承包商要求索赔。

在工程施工索赔的实践中，常用到索赔和反索赔这两个概念。反索赔是对索赔的反诉、反制或反抗，索赔与反索赔并存，有索赔就会有反索赔，但由于甲乙双方的索赔量、索赔的难易程度等差异较大，目前，大多数教材中是按索赔的对象来界定索赔与反索赔的。

①承包商向业主提出的补偿要求称为索赔。根据 1999 版 FID1C《土木工程施工合同条件》第 20.1 款，承包商索赔就是承包商依据合同条款和有关合同文件的规定，向业主要求工期延长和追加付款的一种权利主张。

②业主对承包商提出的补偿要求称为反索赔。在阿德汉（J. J. Adhan）所著的《施工索赔》一书中论述业主的反索赔时指出："对承包商提出的损失索赔要求，业主采取的立场有两种可能的处理途径。一是就（承包商）施工质量存在的问题和拖延工期，可以对承包商提出反要求，即向承包商提出的反索赔。此项反索赔就是要求承包商承担修理工程缺陷的费用或要求承包商赔付拖延工期而造成的经济损失。二是对承包商提出的损失索赔要

求进行争辩，即按照双方认可的生产率、会计原则和索赔计算方法等事项，对索赔要求进行分析审核，以便确定一个比较合理的和可以接受的款额。"由此可见，业主对承包商的反索赔包括两个方面：一方面是对承包商不履行合同或履行合同有缺陷，以及应承担的风险责任，例如某部分工程质量达不到施工技术规程的要求，或拖期建成，独立地提出损失补偿要求；另一方面是对承包商提出的索赔要求进行分析、评审和修正，否定不合理的要求，接受其合理的要求。

二、索赔事件及其发生率

（一）索赔事件

索赔事件又称干扰事件，是指使实际情况与合同规定不符合，最终引起工期和费用变化的事件。

1. 承包商索赔事件

在工程实践中，承包商可以提出索赔的事件通常有如下几种：

①业主未按合同规定的时间和数量交付设计图纸和资料，未按时交付合格的施工现场及行驶道路、接通水电等，造成工程拖延和费用增加。

②工程实际地质条件与合同描述不一致。

③业主或工程师变更原合同规定的施工顺序，打乱了工程施工计划。

④设计变更、设计错误或业主、工程师错误的指令或提供错误的数据等造成工程修改、返工、停工或窝工。

⑤工程数量变更，使实际工程量与原定工程量不同。

⑥业主指令提高设计、施工、材料的质量标准。

⑦业主或工程师指令增加额外工程。

⑧业主指令工程加速。

⑨不可抗力因素。

⑩业主未及时支付工程款。

⑪合同缺陷，例如条款不全、错误或前后矛盾，双方就合同理解产生争议。

⑫物价上涨，造成材料价格、工人工资上涨。

⑬国家政策、法令修改，例如增加或提高新的税费、颁布新的外汇管理条例等。

⑭货币贬值，使承包商蒙受较大的汇率损失。

承包商能否将上述事件作为索赔事件来进行有效的索赔，还要看具体的工程和合同背景、合同条件，不可一概而论。

2. 业主索赔事件

在工程实践中，业主可以提出索赔事件通常有如下几种：

①承包商所施工工程质量有缺陷。

②承包商的不适当行为而扩大的损失。

③承包商原因造成工期延误。

④承包商不正当地放弃工程。

⑤合同规定的承包商应承担的风险事件。

（二）索赔事件发生率

近年来，由于建筑市场竞争激烈，索赔事件无论在数量或金额上都呈不断递增的趋势，引起业主、承包商及有关各方越来越多的关注。国内目前尚未有专门的机构对索赔事件进行系统调查统计，美国某机构曾对政府管理的各项工程进行了调查，其结果可作为参考。

1. 索赔次数和索赔成功率

被调查的 22 项工程中，共发生施工索赔达 427 次，平均每项工程索赔约 20 次，其中 378 次为单项索赔，49 次为综合索赔。单项索赔中有 17 次、综合索赔中有 12 次，皆因索赔证据不足而被对方撤销。撤销率占 6.8%，即索赔成功率为 93.2%，单项索赔成功率为 95.5%，综合索赔成功率为 75.5%。

2. 索赔与工期延长要求

在 313 次增量索赔中，有 80 次索赔同时要求延长工期，要求延期的索赔次数占增量索赔总数的 25.6%，每项索赔平均延长 20 天。

3. 索赔的比例分布

索赔的比例分布具体如下：

①设计修改错误及完善占索赔的 46%，判给补偿费占 40%。

②工程更改可分随意性工程更改和强制性工程更改。前者是指业主因最初工艺标准设计范围规定不一致或要求增减工作量所做的变更，后者是指因法规或规定变化所做的工程规模的变更。两种变更的索赔次数在增量索赔中占 26%，判给赔偿费占 28%。

③现场条件变化，指现场施工条件与合同约定不符，例如地质情况复杂与地质勘探资料差异较大等。这类索赔次数占 15%，判给赔偿费占 13%。

④自然气候，这类索赔基本上要求延长合同工期，因气候所获准的延期占全部延期的 60%。

⑤其他，包括终止合同和协议停工等较少发生的索赔占 2%，判给赔偿费占 19%。

三、索赔的条件

《建设工程工程量清单计价规范》（GB 50500-2013）规定，合同一方向另一方提出索赔时，应有正当的索赔理由和有效证据，并应符合合同的相关约定。本条款规定了索赔的条件，即正当的索赔理由、有效的索赔证据、在合同约定的时间内提出。

索赔的目的在于保护索赔主体的经济利益。在合同履行期间，凡是由于非自身的过错而遭受了损失的，都可以向对方提出索赔。索赔成立的要件：一是己方遭受了实际损失，二是造成损失的原因不在己方。索赔能否成功，关键在于索赔的理由是否充分，依据是否可靠，是否客观、合理、合法地反映了索赔事件，其证据要真实、全面，并在规定时限内及时提交，具有法律证明效力，符合特定条件，并以书面文字或文件为依据。

①索赔必须符合所签订的建设工程合同的有关条款和相关法律法规。因为依法签订的建设工程施工合同具有法律效力，所以它是鉴定索赔能否成立的主要依据之一。

②索赔所反映的问题，必须客观实际，经得起双方的调查和质证。

③索赔要有具体的事实依据，如索赔事件发生的时间、地点、原因、涉及人员，双方签字的原始记录、来往函件以及计算结果等。

④索赔证据必须具备真实性、全面性。

⑤索赔要在合同规定的时间内提出。

简而言之，依据可靠、证据充分、主张合理、时机得当是成功索赔的条件。

四、索赔的分类

索赔的种类多、范围广，不可能用某一种方法就将索赔的种类完全涵盖。因此本小节仅列举按索赔主体分类、按索赔事件分类、按索赔目的分类、按合同依据分类及按索赔的处理方式分类五种分类方法，以期读者对建设工程合同索赔的种类有一个直观的了解。

（一）按照索赔主体分类

1. 承包方与发包方之间的索赔

工程建设过程中，大多数的索赔发生于承包方与发包方之间，并且根据本章前文所述，在实践中，承包方向发包方提出的索赔更具代表性，通常是承包方在工程的工期、质量、价款、工程量等方面发生了变更并产生了争议的情况下向发包方提出索赔。

2. 分包方与承包方之间的索赔

这一类型的索赔和第一类承包方与发包方之间的索赔相似，从地位上讲，此时承包方的地位就相当于第一类索赔中的发包方，而分包方的地位就相当于第一类中的承包方。这类索赔发生在施工过程之中，因此一般为施工索赔。

3. 承包方与供应方之间的索赔

这类索赔是由与工程建设有关的买卖合同争议引发的。工程建设过程中，如果合同约定由承包方进行材料和设备的采购，则因货物的质量、数量、运输、交付等环节存在瑕疵给承包方带来损失时，承包方可以向货物供应方进行索赔。

4. 承包方与保险公司的索赔

此类索赔多系承包方受到灾害、事故或其他损害或损失，按保险单向其投保的保险公司索赔。

以上四种索赔中，前两种索赔发生在施工过程中，有时合称为施工索赔；后两种索赔发生在物资采购、运输及工程保险等过程中，有时合称为商务索赔。

（二）按照索赔事件分类

按照索赔事件分类，可以将索赔分为以下四种：

1. 一方违约引起的索赔

在一份合同的履行过程中，不可避免地会有违约情形发生，尤其是建设工程合同，由于其复杂、难度高，因此在实际履行过程中很容易出现一方违约的情况，可能是发包方违约，也可能是承包方违约。就发包方而言，可能由于未及时为承包方提供合同约定的施工条件，未按照合同约定的时间与数额付款等违约；就承包方而言，也可能由于未在合同约定的期限内完成施工任务等违约。

2. 工程变更引起的索赔

由于工程建设存在诸多不可预见因素，所以在工程建设过程中经常会发生工程变更，例如工程设计与现场情况不相匹配，或者由于其他原因导致工期必须提前或延后，再或者需要增加或减少工程量等情况。这种情况下必须形成书面的合同变更或工程签证，而这些也成为承包方向发包方进行索赔的关键证据。

3. 合同条款引起的索赔

合同条款可能在两种情况下引发争议，进而引起索赔：①条款本身在客观上存在错误；②承包方与发包方双方在主观上对合同条款存在理解争议。从客观角度讲，如果合同存在条款不全、条款前后矛盾、关键性文字错误等明显问题，承包方存在据此提出索赔主张的可能性。如果是由于条款存在理解争议，承包方根据自己主观理解施工时造成损失或损害，亦可向发包方主张索赔。但相比较而言，前者得到发包方认可的可能性更大一些。

4. 不可抗力引起的索赔

所谓不可抗力，是指不能预见、不能避免并且不能克服的紧急情况。例如，在工程建设过程中发生地震、海啸、战争等情况，造成承包方的工期损失，承包方可据此不可抗力事由向发包方主张索赔。

（三）按照索赔目的分类

1. 针对费用的索赔

这类索赔主要是指承包方由于非自身原因受到经济损失时，向发包方提出的经济补偿要求，包括费用的补偿和合同价款的补偿等方面的内容。费用的索赔有时是单独提出的，有时也可以和工期索赔结合在一起提出。例如，由于发包方的原因，使得承包方无法正常施工，则导致工期延长的同时也必然导致承包方人工费、机械费和管理费等费用的增加。此时，对于承包方来说，既可以只提出费用的索赔，也可以将费用索赔和工期索赔一并提出。

2. 针对工期的索赔

理论上讲，对工期索赔可以有广义和狭义两种理解。狭义的工期索赔仅指工期的延长和竣工日期的推迟。但是，在实际工程的建设过程中，工期的延误往往伴随着经济方面的损失，承包方提出工期索赔时，通常也会同时提出经济补偿的要求，也即费用的索赔。因此，从广义上讲，工期索赔包含了费用索赔。相对来说，狭义的工期索赔如果证据充足，更容易得到发包方或驻现场工程师的认可。

（四）按照合同依据分类

1. 有合同依据的索赔

有合同依据的索赔，是指受损方依据合同明确的约定进行的索赔。

2. 无合同依据的索赔

无合同依据的索赔，是指受损方的索赔要求在建设工程合同中没有明确的约定，但基于合同约定的原则、目的，根据法律、法规、行业惯例进行的索赔。

（五）按照索赔的处理方法分类

1. 单项索赔

单项索赔是针对某一干扰事件提出的，在影响工程建设顺利进行的干扰事件发生时或发生后由合同管理人员立即处理，并在合同约定的索赔有效期内向发包方或监理工程师提交索赔要求和报告的索赔处理方式。单项索赔通常原因单一、责任单一，分析起来相对容易。由于涉及的金额一般较小，双方容易达成协议，处理起来也比较简单，因此合同双方应尽可能地用此种方式来处理索赔。

2. 综合索赔

综合索赔又称一揽子索赔，一般在工程竣工前和工程移交前，一方将工程实施过程中因各种原因未能及时解决的单项索赔集中起来进行综合考虑，提出一份综合索赔报告，由合同双方在工程交付前后进行最终谈判，以一揽子方案解决索赔问题。由于一揽子索赔中许多干扰事件交织在一起，影响因素比较复杂而且相互交叉，责任分析和索赔值计算比较复杂，索赔涉及的金额较大，双方往往不愿或不容易做出让步，索赔的谈判和处理相对困难。因此综合索赔的成功率比单项索赔要低得多。

五、索赔管理的任务

（一）工程师的索赔管理任务

索赔管理是工程师进行工程项目管理的主要任务之一，其索赔管理任务应包括如下几种：

1. 预测和分析导致索赔的原因和可能性

工程师在工作中应预测和分析导致索赔的原因和可能性，及早堵塞漏洞。工程师在起草文件、下达指令、做出决定、答复请示时应注意到完备性和严密性；颁发图纸、做出计划和实施方案时应考虑其正确性和周密性。

2. 通过有效的合同管理减少索赔事件发生

工程师应对合同实施进行有力的控制，这是他的主要工作。通过对合同的监督和跟踪，不仅可以及早发现干扰事件，也可以及早采取措施降低干扰事件的影响，减少双方损失，还可以及早了解情况，为合理地解决索赔提供条件。在施工中，工程师作为双方的纽带，应做好协调、缓冲工作，为双方建立一个良好的合作气氛。通常合同实施越顺利，双方合作得越好，索赔事件越少，越易于解决。

3. 公平合理地处理和解决索赔

合理解决发包人和承包人之间的索赔纠纷，使双方对解决结果满意，有利于继续保持友好的合作关系，保证项目顺利实施。

（二）承包商的索赔管理任务

①预测、寻找和发现索赔机会。在招标文件分析、合同谈判过程中，承包商应对工程实施可能的干扰事件有充分的考虑和防范，预测索赔的可能性，在合同实施过程中，通过对实施状况的跟踪、分析和诊断，寻找和发现索赔机会。

②收集索赔的证据，调查和分析干扰事件的影响。

③提出索赔意向。

④计算索赔值，起草索赔报告和递交索赔报告。

⑤索赔谈判。

六、索赔管理和项目管理其他职能的关系

（一）索赔管理与合同管理的关系

合同管理是项目管理的一项主要职能。合同是索赔的依据。承包商只有通过完善的合同管理，才能发现索赔机会和提高索赔成功率，而整个索赔处理过程又是执行合同的过程。

（二）索赔管理与施工计划管理的关系

索赔管理是施工计划管理的动力。施工计划管理一般是指项目实施方案、进度安排、施工顺序和所需劳动力、机械、材料的使用安排。在施工过程中，通过实际实施情况与原计划进行比较，一旦发生偏离就要分析其原因和责任，如果这种偏离使合同的一方受到损失，损失方就会向责任方提出索赔。因此，加强施工计划管理，可及早发现索赔机会，避免经济损失。

（三）索赔管理与工程成本管理的关系

在合同实施过程中，承包商可以通过对工程成本的控制，发现实际成本与计划成本的差异，如果实际工程成本增加不是承包商自身的原因造成的，就可以通过索赔及时挽回工程成本损失，即工程成本管理是搞好索赔管理的基础。

（四）索赔管理与文档管理的关系

索赔要求必须有充分证据，证据是索赔报告的重要组成部分，证据不足的情况下，要取得索赔成功是相当困难的。如果文档管理混乱、资料不及时整理和保存，就会给索赔证据的提供带来很大困难。

第二节　索赔值的计算

一、费用索赔计算

（一）费用索赔的组成

索赔费用的主要组成部分与工程造价的构成类似，包括直接费、管理费、利润、额外担保与保险费用、融资成本。

1. 直接费

直接费主要包括人工费、材料费、机械设备费及正常损耗费等。

①人工费。人工费的索赔主要包括额外劳动力雇用、劳动效益降低、由于发包方违约造成人员闲置、额外工作引起加班劳动、人员人身保险和各种社会保险支出等。

②材料费。材料费的索赔主要包括材料涨价费用、额外新增材料运输费用、额外新增材料使用费、材料破损消耗估价费用、材料的超期储存费用等。

③机械设备费。机械设备费的索赔主要包括新增机械设备费用、已有机械设备使用时间延长费用、新增租赁设备费用、由于一方违约使机械设备闲置的费用、机械设备保险费用、机械设备折旧和修理费分摊等。

④正常损耗费。正常损耗费的索赔主要包括额外低值易耗品使用费、小型工具费、仓库保管成本费等。

2. 管理费

管理费的索赔主要包括总部管理费和现场管理费。

3. 利润

在非己方原因导致合同延期、合同全部完成之前的合同解除，以及合同变更等情况下的索赔可能包括利润的索赔。

4. 额外担保与保险费用

例如，由于发包方违约等非承包方原因造成的合同工期延长，则承包方就必须相应延长履约担保的有效期，或由于工程量变更较大而追加担保金额，保险期延长也使保险费用增加等，承包方有权从发包方那里得到这部分额外担保和保险费用的补偿。

5. 融资成本

例如，对于发包方违约造成的承包方的融资成本损失，承包方应有权得到相应的经济补偿。

引起索赔事件的原因和费用都是多方面和复杂的，在具体进行一项索赔事件的费用计算时，应该具体问题具体分析，并分项列出详细的费用开支和损失证明及单据，交由监理工程师审核和批准。

（二）费用索赔的计算方法

1. 总费用法

总费用法是一种较简单的计算方法，是把固定总价合同转化为成本加酬金合同，即以受损方的额外成本为基础，加上管理费和利息等附加费作为索赔值。一般认为在具备以下条件时采用总费用法是合理的：①已开支的实际总费用经过审核，认为是比较合理的；②受损方的原始报价是比较合理的；③费用的增加是由于对方原因造成的，其中没有受损方管理不善的责任；④由于该项索赔事件的性质以及现场记录的不足，难以采用更精确的计算方法。

2. 分项法

分项法是按每个或每类干扰事件引起费用项目损失分别计算索赔值的方法，包括人工费索赔、材料费索赔、施工机械费索赔、现场管理费索赔、总部管理费索赔和融资成本、利润与机会利润损失的索赔。

二、工期索赔计算

（一）工期索赔的情形

工期索赔按延误责任可分为无过错延误和过错延误两种。

1. 无过错延误

无过错延误是由发包方的责任和客观原因造成的延误，并非承包方的过错，它是无法合理预见和防范的延误，是可以原谅的。虽然不一定能得到经济补偿，但承包方有权获准延长合同工期。

2. 过错延误

过错延误是指因可以预见的条件或在承包方控制范围之内的情况，或由承包方自己的问题与过错而引起的延误。承包方不仅得不到工期延长，也得不到费用补偿，还要赔偿发包方由此而造成的损失。

(二) 工期索赔的计算方法

工期索赔的计算主要有网络图分析法和比例计算法两种。

1. 网络图分析法

网络图分析法是通过分析延误发生前后的网络计划，对比两种工期的计算结果，计算索赔值，也就是利用网络图进度计划，分析其关键线路。如果延误的工作为关键工作，则延误的时间为索赔的工期；如果延误的工作为非关键工作，当该工作由于延误超过时差限制而成为关键工作时，则可以索赔的时间为延误时间与时差的差值；若该工作延误后仍为非关键工作，则不存在工期索赔问题；若该工作延误时间超过总时差时，可索赔延误时间与时差的差值。

2. 比例计算法

比例计算法是用工程的费用比例来确定工期应占的比例，往往用于工程量增加的情况。工期索赔值的计算公式如下：

(额外增加工程量价值÷原合同总价) ×原合同总工期

比例计算法简单方便，但有时不符合实际情况，不适用于变更施工顺序、加速施工、删减工程量等事件的索赔，适用范围比较狭窄。

第三节 索赔的处理和解决

一、索赔的依据和证据

(一) 索赔的依据

1. 法律法规

①法律，如《中华人民共和国合同法》《中华人民共和国建筑法》《中华人民共和国

招标投标法》等。

②行政法规，如《建设工程质量管理条例》等。

③司法解释，如最高人民法院《关于审理建设工程施工合同纠纷案件适用法律问题的解释》等。

④部门规章，如《建设工程价款结算办法》等。

⑤地方法规，如《×××省（市）建筑市场管理办法》《×××省（市）建设工程结算管理办法》等。

2. 合同

建设工程合同是建设工程的发包方为完成工程，与承包方签订的关于承包方按照发包方的要求完成工作，交付建设工程，并由发包方支付价款的合同。因此，建设工程合同一旦签订，就代表双方愿意接受合同的约束，严格按照合同约定行使权利、履行义务及承担责任。而出于对风险的预估，合同中往往会有关于索赔责任的约定，因此，一方可以依据合同中明确约定的索赔条款要求对方承担责任。另外，有时虽然合同中可能没有明确约定索赔条款，但是从合同的引申含义和合同相关的法律法规可以找到索赔的依据，即默示条款。

3. 工程建设惯例

交易习惯是指平等民事主体在民事往来中反复使用、长期形成的行为规则，这种规则约定俗成，虽无国家强制执行力，但交易双方自觉地遵守，在当事人之间产生权利和义务关系。《中华人民共和国合同法》第六十一条规定："合同生效后，当事人就质量、价款或者报酬、履行地点等内容没有约定或约定不明确的，可以协议补充；不能达成补充协议的，按照合同有关条款或者交易习惯确定。"由此可见，交易习惯是合同履行过程中有重要的补漏功能，另外也有学者认为交易习惯具有合同模式条款的功能，即："根据当事人的行为，根据合同其他明示条款或习惯，不言自明，理应存在于合同，而当事人在合同中没有写明的条款。"在当事人的长期交易中，由于共同遵循某种习惯或者形成了固定的交易惯例，在订立合同时，为了节省谈判时间和交易成本，提高效率，当事人一般不在合同中列出这些内容，但作为默示条款，仍支配着当事人的行为。因此，工程建设惯例也可作为索赔的依据。

（二）索赔证据

索赔证据是当事人用来支持其索赔成立或与索赔有关的证明文件和资料。索赔证据作为索赔报告的组成部分，在很大程度上关系到索赔的成功与否。证据不全、不足或没有证据，索赔是不可能获得成功的。索赔证据既要真实、全面、及时，又要具有法律证明效力。

对于索赔证据的收集，应在施工过程中就始终做好数据积累工作，建立完善的数据记录和科学管理制度，认真系统地积累和管理建设工程合同文件、质量、进度及财务收支等方面的数据，有意识地为索赔报告积累必要的证据材料。

在工程项目实施过程中，常见的索赔证据主要有如下几项：

①各种工程合同文件；

②施工日志；

③工程照片及声像数据；

④来往信件、电话记录；

⑤会议纪要；

⑥气象报告和资料；

⑦工程进度计划；

⑧投标前发包方提供的参考数据和现场数据；

⑨工程备忘录及各种签证；

⑩工程结算数据和有关财务报告；

⑪各种检查验收报告和技术鉴定报告；

⑫其他，包括分包合同、订货单、采购单、工资单，官方的物价指数等。

二、索赔的程序

《建设工程工程量清单计价规范》（GB 50500-2013）规定，根据合同约定，承包人认为非承包人原因发生的事件造成了承包人的损失，应按以下程序向发包人提出索赔：

①承包人应在索赔事件发生后28天内，向发包人提交索赔意向通知书，说明发生索赔事项的事由；承包人逾期提交索赔意向通知书的，丧失索赔的权利；

②承包人应在发出索赔意向通知书后28天内，向发包人正式提交索赔通知书；索赔通知书应详细说明索赔的理由和要求，并附必要的记录和证明材料；

③索赔事件具有连续影响的，承包人应继续提交延续索赔通知，说明连续影响的实际情况和记录；

④在索赔事件影响结束后的28天内，承包人向发包人提交最终索赔通知书，说明最终索赔要求，并附必要的记录和证明材料。

承包人索赔应按下列程序处理：

①发包人收到承包人的索赔通知书后，应及时查验承包人的记录和证明材料；

②发包人应在收到索赔通知书或有关索赔的进一步证明材料后的 28 天内，将索赔处理结果答复承包人，如果发包人逾期未做出答复，视为承包人索赔要求已经过发包人认可；

③承包人接受索赔处理结果的，索赔款项应作为增加合同价款，在当期进度款中进行支付；承包人不接受索赔处理结果的，按合同约定的争议解决方式办理。

承包商要求索赔时，可以选择以下一项或几项方式获得赔偿：

①延长工期；

②要求发包人支付实际发生的额外费用；

③要求发包人支付合理的预期利润；

④要求发包人按合同的约定支付违约金。

若承包人的费用索赔和工期索赔要求相关联时，发包人在做出费用索赔的批准决定时，应结合工程延期，综合做出费用索赔和工期延期的决定。

发承包双方在按合同约定办理了竣工结算后，应被认为承包人已无权再提出竣工结算前所发生的任何索赔。承包人在提交的最终结清申请中，只限于提出竣工结算后的索赔，提出索赔的期限在发承包双方最终结清时终止。

根据合同约定，发包人认为由于承包人的原因造成发包人的损失，应参照承包人索赔的程序进行索赔。

发包人要求索赔时，可以选择以下一项或几项方式获得赔偿：

①延长质量缺陷修复期限；

②要求承包人支付实际发生的额外费用；

③要求承包人按合同的约定支付违约金。

承包人应付给发包人的索赔金额可以从拟支付给承包人的合同价款中扣除，或由承包人以其他方式支付给发包人。

三、索赔争议的鉴定

根据《建设工程造价鉴定规范》（GB/T 51262-2017），索赔分承包人的索赔与发包人的索赔。

（一）承包人的索赔

根据合同约定，承包人认为有权得到追加付款和（或）延长工期的，应按以下程序向发包人提出索赔：①承包人应在知道或应当知道索赔事件发生后 28 天内，向监理人递交索赔意向通知书，并说明发生索赔事件的事由；承包人未在前述 28 天内发出索赔意向通知书的，丧失要求追加付款和（或）延长工期的权利；②承包人应在发出索赔意向通知书后 28 天内，向监理人正式递交索赔报告；索赔报告应详细说明索赔理由以及要求追加的付款金额和（或）延长的工期，并附必要的记录和证明材料；③索赔事件具有持续影响的，承包人应按合理时间间隔继续递交延续索赔通知，说明持续影响的实际情况和记录，列出累计的追加付款金额和（或）工期延长天数；④在索赔事件影响结束后 28 天内，承包人应向监理人递交最终索赔报告，说明最终要求索赔的追加付款金额和（或）延长的工期，并附必要的记录和证明材料。

（二）发包人的索赔

根据合同约定，发包人认为有权得到赔付金额和（或）延长缺陷责任期的，监理人应向承包人发出通知并附有详细的证明。发包人应在知道或应当知道索赔事件发生后 28 天内通过监理人向承包人提出索赔意向通知书，发包人未在前述 28 天内发出索赔意向通知书的，丧失要求赔付金额和（或）延长缺陷责任期的权利。发包人应在发出索赔意向通知书后 28 天内，通过监理人向承包人正式递交索赔报告。

结合《建设工程施工合同（示范文本）》（GF-2017-0201）相关内容，鉴定要求如下。当事人一方提出索赔，因对方当事人不答复发生争议的，鉴定人应按以下规定进行鉴定：当事人一方在合同约定的期限后提出索赔的，鉴定人应以超过索赔时效做出否定性鉴定；当事人一方在合同约定的期限内提出索赔，对方当事人未在合同约定的期限内答复的，鉴定人应对此索赔做出肯定性鉴定。

四、索赔小组与索赔报告

（一）索赔小组

索赔是一项复杂、细致而艰巨的工作。组建一个知识全面、索赔经验丰富、稳定的索赔机构从事索赔工作，是索赔成功的重要条件。在一般情况下，应根据工程规模及复杂程度、工期长短、技术难度、合同的严密性程度以及发包方的管理能力等因素组建索赔小组。

索赔小组的人员要相对稳定，各负其责，积极配合，齐心协力完成好索赔管理工作。对于大型的工程，索赔小组应由项目经理、合同法律专家、工程经济专家、技术专家和施工工程师等组成。工程规模小、工期短、技术难度不高、合同较严密的工程，可以由有经验的造价工程师或合同管理人员承担索赔工作。

（二）索赔报告

索赔报告是索赔方向对方提出索赔的书面文件，它全面反映了索赔方对一个或若干个索赔事件的所有要求和主张，对方当事人也是通过对索赔报告的审核、分析和评价，做出认可、要求修改、反驳甚至拒绝的回答。索赔报告也是双方进行索赔谈判或调解、仲裁、诉讼的依据，因此，索赔报告的表达与内容对索赔的解决有重大影响，索赔方必须认真编写索赔报告。

在工程建设过程中，一旦出现索赔事件，索赔方应该按照索赔报告的构成内容，及时地向对方提交索赔报告。单项索赔报告的一般格式如下：

1. 题目

索赔报告的标题应该能够简要、准确地概括索赔的中心内容，如"关于××事件的索赔"。

2. 事件

详细描述事件过程，主要包括索赔事件发生的工程部位、时间、原因、经过，影响的范围，索赔方当时采取的防止事件扩大的措施，事件持续时间，索赔方已经向对方或工程师报告的次数及日期，最终影响结束的时间，事件处置过程中的有关主要人员办理的有关事项，包括双方信件交往、会谈，并指出对方如何违约、证据的编号等。

3. 理由

理由是指索赔的依据，主要是法律依据和合同条款的约定。合理引用法律和合同的有关规定，建立事实与损失之间的因果关系，说明索赔的合理、合法性。

4. 结论

结论应指出事件造成的损失或损害的大小，主要包括要求补偿的金额及工期，这部分只须列举各项明细数字及汇总数据即可。

5. 详细计算书（包括损失估价和延期计算两部分）

为了证实索赔金额和工期的真实性，必须指明计算依据及计算数据的合理性，包括损失费用、工期延长的计算基础、计算方法、计算公式及详细的计算过程及计算结果。

6. 附件

附件包括索赔报告中所列举的事实、理由、影响等各种附编号的证据、图表。

编写索赔报告需要实际工作经验。索赔报告如果起草不当，会失去索赔方的有利地位和条件，使正当的索赔要求得不到合理解决。对于重大索赔或一揽子索赔，最好能在律师或索赔专家的指导下进行。编写索赔报告要满足符合实际、说服力强、计算准确和简明扼要等基本要求。

第四节　索赔与反索赔策略

一、索赔的策略

索赔策略是承包方工程经营策略和索赔向导的重要环节，包括承包方的基本方针和索赔目标的制定、分析实现目标的优劣条件、索赔对承包方利益和发展的影响、索赔处理技巧等。索赔需要总体谋略，总体谋略是索赔成功的关键。一般来讲，要做好索赔总体谋略，承包方必须全面把握以下几个方面的问题：

(一) 确定索赔目标

施工索赔目标是指承包方对施工索赔的基本要求。可对要达到的目标进行分解，按难易程度进行排列，分析它们实现的可能性，从而确定最低和最高目标。也可分析实现目标的风险，例如，能否抓住施工索赔机会，保证在施工索赔有效期内提出施工索赔；能否按期完成合同约定的工程量，执行发包方加速施工指令；能否保证工程质量，按期交付，工程中出现失误后的处理办法等。

(二) 对发包方进行分析

分析发包方的兴趣和利益所在，要让施工索赔在友好和谐的气氛中进行，处理好单项施工索赔和总施工索赔的关系，对于理由充分且重要的单项施工索赔应力争尽早解决；对于发包方坚持拖后解决的施工索赔，要按发包方的意见认真积累有关资料，为最终施工索赔做准备。根据对方的利益所在，就双方感兴趣的地方，承包方在不过多损害自己利益的情况下可适当让步，打破僵局，在对方愿意接受施工索赔的情况下，不要得理不让人，否则反而达不到施工索赔的目的。

对发包方的社会心理、价值观念、传统文化、生活习惯，甚至包括发包方本人的兴趣、爱好的了解和尊重，对索赔的处理和解决有极大的影响，有时直接关系到索赔甚至整个项目的成败，现在西方发达国家的承包方在工程投标、洽谈、施工、索赔中特别注意这些方面的内容。

（三）承包方自身的经营战略分析

承包方的经营战略直接制约着索赔策略和计划。在分析发包方的目标、发包方的情况和工程所在地的情况后，承包方应考虑如下问题：

①有无可能与发包方继续进行新的合作，例如发包方有无新的工程项目？

②承包方是否打算在当地继续扩展业务或扩展业务的前景如何？

③承包方与发包方之间的关系对当地扩展业务有何影响？

这些问题是承包方决定整个索赔要求、解决方法和解决期望的基本点，由此确定承包方对整个索赔的基本方针。

（四）承包方的主要对外关系分析

在合同履行过程中，承包方有多方面的合作关系，如与发包方、监理工程师、设计单位、发包方的其他承包方和供货商、承包方的代理人或担保人、发包方的上级主管部门或政府机关等，承包方对各个方面要进行详细分析，利用这些关系，争取各方面的理解、合作和支持，造成有利于承包方的氛围，从各个方面向发包方施加影响，这往往比直接与发包方谈判更为有效。

（五）对发包方索赔的估计

在工程问题比较复杂、双方都有责任，或工程索赔以一揽子方案解决的情况下，应对对方已提出的或可能提出的索赔值进行分析和估算。在国际承包工程中，常常有这种情况：在承包方提出索赔后，发包方采取反索赔策略和措施，例如找一些借口提出罚款和扣款，在工程验收时挑毛病，提出索赔用以平衡承包方的索赔。这是必须充分估计到的。对发包方已经提出的和可能提出的索赔项目进行分析，列出分析表，并分析发包方这些索赔要求的合理性，即自己反驳的可能性。

（六）承包方的索赔值估计

承包方对自己已经提出的及准备提出的索赔进行分析，分析可能的最大值和最小值以及这些索赔要求的合理性和发包方反驳的可能性。

（七）合同双方索赔要求对比分析

通过分析可以看出双方要求的差距。己方提出索赔，目的是通过索赔得到费用补偿。则两估计值对比后，己方应有盈余。如果己方为反索赔，目的是为了反击对方的索赔要求，不给对方费用，则两估计值对比后应至少平衡。

(八) 可能的谈判过程

索赔一般最终在谈判桌上解决。索赔谈判是合同双方面对面的较量，是索赔能否成功的关键。一切索赔计划和策略都要在此付诸实施，接受检验；索赔报告在此交换、推敲、反驳；双方都派最精明强干的专家参加谈判。在这里要考虑：①如何在一个友好和谐的气氛中将对方引入谈判；②谈判将有哪些可能的进程；③如何争取对自己有利的形势，谈判过程中对方有什么行动；④我方应采取哪些对应措施。

一切索赔的计划和策略都是在谈判桌上得以体现并接受检验的，因此，谈判之前要准备充分，对谈判的可能过程要做好事前分析，保持谈判的友好和谐气氛。谈判应从发包方关心的议题入手，从发包方感兴趣的问题谈起，始终保持友好和谐的谈判氛围。谈判过程要重事实、讲证据，既要据理力争、坚持原则，又要适当让步、机动灵活。所谓施工索赔的"艺术"，常常在谈判桌上得以体现。所以，选择和组织精明强干、有丰富施工索赔知识及经验的谈判班子就显得极为重要。

二、索赔技巧

施工索赔的技巧是为施工索赔的策略目标服务的，因此，在确定了施工索赔的策略目标之后，施工索赔技巧就显得格外重要，它是施工索赔策略的具体体现。施工索赔技巧因人、因客观环境条件而异。

(一) 及早发现施工索赔机会

一个有经验的承包方，在投标报价时就应考虑将来可能要发生施工索赔的问题，仔细研究招标文件中合同条款和规范，仔细勘察施工现场，对可能发生的索赔事件有敏感性和预见性，探索施工索赔的可能机会。

在报价时要考虑施工索赔的需要，在进行单价分析时，应列入生产效率，把工程成本与投入资源的效率结合起来。这样，在施工过程中论证施工索赔原因时，可引用效率降低作为施工索赔的根据。在施工索赔谈判中，如果没有生产效率降低的数据，则很难说服监理工程师和发包方，施工索赔无取胜可能，反而会被认为生产效率的降低是承包方施工组织不力，没有达到投标时的效率。

要论证效率降低，承包方应做好施工记录，记录好每天使用的设备、工时、材料和人工数量、完成的工程量和施工中遇到的问题。

（二）选准并把握索赔时机进行索赔

索赔时机选择是否恰当，在很大程度上影响着索赔的质量。虽然相关法规都对索赔意向书、索赔报告的提出、上报时间做了明确的规定，然而承包方发现索赔很难在法规要求的时间内得到答复并得到应有的补偿。因此承包方必须选准索赔时机，采取各种灵活的方式敦促发包方履行合同，维护自己的正当权益，并适时向发包方、监理单位提出索赔要求并尽快解决。

一个有索赔经验的承包方，往往把握住索赔机会，使大量的索赔事件在施工过程前1/4~3/4这段时间内基本逐项解决。如果实在不能，也应在工程移交前完成主要索赔的谈判和付款，否则工程移交后，承包方就失去了约束发包方的"武器"，导致发包方"赖账"。承包方要根据发包方的具体情况，具体分析发包方的心态和资金状况，一般以工程作为筹码或以发包方的诚信作为赌注，避免索赔时机的丧失。

（三）尽量采用单项索赔，减少综合索赔

单项索赔由于涉及的索赔事件比较简单，责任分析和索赔值的计算不太复杂，金额也不会太大，双方容易达成协议，获得成功。尽量采用单项索赔，随时申报、单项解决、逐月支付，把索赔款的支付纳入按月支付的轨道，同工程进度款的结算支付同步处理。综合索赔往往由于索赔额大，干扰事件多，索赔报告审阅、评价难度大，谈判难度也大，大多以牺牲承包方利益而终，承包方难以实现预期的索赔目标。

（四）正确处理个性与共性索赔事件

多个承包方施工时，索赔事件要区分个性与共性的问题。这就要求承包方拥有大量的信息，对其他标段的合同及索赔情况有一定程度的认知和了解。

①个性的问题应集中力量优先解决。共性的索赔事项由于牵连到原则性问题，牵涉面广，涉及的金额大，往往解决的时间滞后，通常需要多个承包方共同努力才能解决。

②充分利用合同条件将共性问题个性化。索赔事件原因一般比较复杂，可选择的突破口很多，可利用的索赔条款往往不止一条，有经验的索赔人员首先要考虑的问题是将共性问题个性化，同时处理方式要争取个性化。

（五）商务条款苛刻时，多从技术方面取得突破

在买方市场条件下，承包方低价夺标，而合同条款特别是商务条款又近乎苛刻，如何在索赔上取得突破，是一个有经验承包方要考虑的首要问题。大多数合同是固定单价合

同，如何实现由价到量的转变，根本出路是从技术方面入手，只要合同条件发生变化，就可申请单价变更。例如，固定的石方开挖单价，可以从岩石的分界线、运距、炸药单消耗等方面找突破口。

（六）合理确定索赔金额的大小

索赔金额必须综合考虑多方面的因素，绝不能单纯从某一个方面（如预算）下结论，确定前必须多次召开专门会议汇总、分析各个方面的情况，在合理的范围内确定索赔的最大金额。

在确定某一索赔事件的索赔金额时，首先要考虑承包方的实际损失，同时系统考虑：发包方、监理方的心态，项目概预算的执行情况及可能的调整情况，索赔证据掌握的程度，发包方的资金状况，公共关系情况等因素。

（七）慎重选择索赔值的计算方法

索赔事项对成本和费用影响的定量分析和计算是极为困难和复杂的，目前还没有统一认可的通用计算方法，如停工和窝工损失费用的计算方法还处在探讨阶段。选用不同的计算方法，对索赔值的影响很大，因此，个别项目在合同专用条款中直接规定了索赔值的计算方法。

对于没有明确规定补偿办法的合同，承包方在索赔值计算前，应专门讨论计算方法的选用问题。这需要技巧和实际工作经验，最好向这方面的专家咨询，在重大索赔项目的计算过程中，要按照不同的计算方法，比较计算结果，分析各种计算方法的合理性和发包方接受的可能性大小。这一点在实际操作过程中极为重要。承包方要以合理、有利的原则选取计算方法。

（八）按时提交高质量的索赔报告

在施工索赔业务中，索赔报告书的质量和水平与索赔成败关系密切。一项符合合同要求的索赔，如果索赔报告书写得不好，例如对索赔权论证无力、索赔证据不足、索赔计算有误等，承包方会失去索赔中的有利地位和条件，轻则使索赔大打折扣，重则使索赔失败。

索赔报告的编写，首先要根据合同分清责任，阐述索赔事件的责任方是对方的根据；其次是论述的逻辑性要强，强调索赔事件、工程受到的影响、索赔值三者间的因果关系；索赔计算要详细、准确；索赔报告的内容要齐全，语言简洁，通俗易懂，论理透彻；用词要委婉，避免生硬、刺激性、不友好的语言，考虑周全，避免波及监理、设计单位。对于大型土建工程，索赔报告应就工期和费用索赔分册编写报告报送，不要混为一体。小型工程或比较简单的索赔事项，可编写在同一个报告中。

（九）提交重大索赔报告前必须营造各方认同的气氛

重大索赔事项的解决不仅要取得发包方、监理主要人员的认同，而且要取得与会工作人员的认同，这就需要事先将索赔项目、索赔值与各方负责人进行非正式、单独的意见交换，倾听各方意见，制订下一步的操作方案，例如做好舆论宣传做好公关工作等。直接提交重大索赔报告及要求，发包方难以接受，应水到渠成，循序渐进，逐步进入索赔程序，非正式的会谈效果往往比正式谈判好得多。

（十）组成各方面互补的索赔谈判小组

所谓索赔的"艺术"，往往在谈判桌上得到充分的体现，一次谈判能否成功，与谈判人员的组成关系很大，不能轻视，一般要注意索赔谈判小组人员在能力、业务、知识结构、性格、经历、文化层次上应该互补，构成有机整体。

（十一）力争友好协商解决，必要时施加压力

索赔争执一般都应该力争和平、友好协商方式解决，避免尖锐的对抗。谈判中出现对立情绪、以凌厉的攻势压倒对方，或一开始就打算用仲裁或诉讼的形式解决，都是不可取的，工程承包界常说："好的诉讼不如坏的友好解决。"

索赔策略和技巧必须在积累大量工程案例的经验基础上才能发挥作用，如果承包方从投标阶段开始，到工程建成、施工合同履行完毕，都注意在施工索赔实践中总结各种经验教训，那将会在索赔工作中取得更大的成绩。

三、索赔防范

（一）外部环境风险防范

外部环境风险，例如气候条件、经济走向、政治变动、政策法规的调整通常不以施工企业的意志为转移，不管施工企业采用何种措施，都不能避免这些情况的发生。但如果措施得当，风险损失可以得到一定的控制。承包商应积极了解工程所在地天气气候条件，将各季节情况与自己施工计划、工期结合在一起进行分析，并根据客观条件对施工计划、工期进行调整。例如，在江南地区夏季高温期较长，严重影响施工，若工期主要集中在这一时期，则应充分考虑。而在台风较为频繁的时候，应特意关注短期天气预报，提前做好保

护措施。对于政策、法规方面的风险，施工企业同样无法避免风险事件的发生。预测预防是主要的应对手段。

(二) 招投标风险防范

在招投标过程中，必须在信息获取和报价两方面做足功夫。信息的获取是前提。施工企业必须尽可能了解项目本身情况、业主情况、竞争对手情况、项目所在地情况。其中最重要的是对业主资信的调查了解。业主是工程承包合同的主要当事人，在决定承包工程之前，承包商必须起码了解业主的支付能力和支付信誉，业主拟发包工程的资金来源是否可保证资金的供给，业主能否保证付款的连续性，业主在历史上的支付信誉及对于工程的管理能力，业主同其过去的合作对象的关系及有无过分挑剔行为等，以便做出相应的对策。当业主的资信存在严重问题时，承包商所要考虑的不仅仅是如何应对，而且应考虑是否投这个标。次要的是工程本身情况和竞争对手情况。要结合自身实力、特点分析招标项目是否适合自身，与竞争对手相比优劣势何在，如何扬长避短，合理报价，争取中标。

(三) 合同风险防范

兵法中有句话："以我之不可胜而待敌之可胜。"这句话同样适合作为施工企业在合同风险中的指导思想。加强自身管理，说得再通俗些，即先做好自己的工作，尽量自己不犯错误，不要给对方以可乘之机，这是施工企业在合同风险应对中的积极态度。具体地讲，施工企业应做到以下几个方面：

①在合同签订、谈判过程中要尽量争取，不能唯业主之命是从，尽可能避免附加不平等条款的出现。

②由专人对工程合同及合同条件的原文详细阅读研究，熟悉条款，明晰双方的权利和义务，分清责任，以备双方发生纠纷时有据可查，不至于处于被动地位。对有可能出现歧义的条文，与业主进行沟通、确认。对事关重大的条文，要以学习会、研讨会的形式，达成共识。

③执行合同不能凭经验、想当然，要讲法律、讲依据。不要急于做合同规定以外的工作，发现合同规定以外应当做的工作要研究具体情况，如果是涉及合同变更或索赔的要抓住，并及时汇总给经营部门，很有可能是创收的好机会。有些工作人员经常是好心帮业主做了额外的工作，似乎是搞好了同业主的关系，但实际上是放弃了合同的权利。

④文件、函电、会议纪要、合同变更和索赔声明的起草要严格根据合同，以合同条款为依据。有些工作人员经常在起草文件时写到"根据合同的约定"，这样写是不足以为依据的，应该写为"根据合同某条某款的如下约定"并引用原文，只有这样写才能说服

业主。

⑤合理处理好工期、质量和成本关系。质量是承包商对顾客的承诺，是承包商最基本的责任。任何情况下，都不能放弃质量目标，同时要兼顾工期、质量、成本的不同目标，争取最佳的效果。只有自己保质、保量、按期完成项目，圆满履行合同，才能使自己处于有利地位，在合同履约金、保修金的返还中争取更多主动。

（四）施工过程风险防范

1. 做好图纸会审工作

这是应对设计问题的关键措施，施工前的图纸会审对减少施工中的差错、保证施工的顺利进行有着重要作用。图纸会审中应着重注意以下几个方面问题：

①设计的依据与施工现场条件是否相符，特别是地质条件和水文条件是否相符。

②设计对施工有无特殊要求，承包商在技术上、工艺设备上有无困难，能否保证安全施工，能否保证工程质量，承包商对材料的特殊要求，核对工艺要求是否能满足。

③图纸上尺寸、标高、轴线有无错误；预留孔洞，预埋件大样图有无错误或矛盾等。

2. 重视安全问题

安全风险是实证研究中的另一个关键因素，降低安全风险的关键是加强安全管理，确保生产安全是减少施工风险的有效措施。重视安全投入，提高安全管理人员素质，促使所有一线人员建立安全意识。

3. 注意关系协调

搞好协调是应对业主和监理风险的有效手段。只有积极地沟通和交流，才能减少来自这两方的风险，保证工程的顺利进行，在协调中，施工企业既要坚持原则，讲法律法规，讲合同，不能听任对方摆布，又要考虑到各种现实条件，必要时进行让步，切不可死板教条，因小失大，能在协商范围内解决的问题，就不要通过诉讼等较为极端的方式解决，努力和业主与监理两方搞好关系。

四、索赔反驳

承包商在接到业主的索赔报告后，就应该着手进行分析。承包商在以下几方面的分析基础上，向业主进行反驳。

（一）合同总体分析

反索赔同样是以合同作为根据。承包商进行合同分析的目的是分析、评价业主索赔要求的理由和依据。在合同中找出对对方不利、对承包商自己有利的合同条文，以构成对对方索赔要求否定的理由。合同总体分析的重点是与对方索赔报告中提出的问题有关的合同条款，主要包括合同的组成及其合同变更情况，合同规定的工程范围和承包商责任，工程变更的补偿条件、范围和方法，对方的合作责任，合同价格的调整条件、范围、方法以及对方应承担的风险，工期调整条件、范围和方法，违约责任，争执的解决方法等。

（二）事态调查

承包商的反索赔仍然基于事实基础之上，以事实为根据。这个事实必须有承包商对合同实施过程跟踪和监督的结果，即以各种实际工程资料作为证据，用以对照索赔报告所描述的事情经过和所附证据。通过调查可以确定干扰事件的起因、事件经过、持续时间、影响范围等真实的详细情况，应收集整理所有与反索赔相关的工程资料。

（三）合同状态分析、可能状态分析、实际状态分析

承包商在事态调查和收集、整理工程资料的基础上进行合同状态、可能状态、实际状态分析。通过三种状态的分析，首先，承包商可以全面地评价工程合同、合同实际状况，评价承包商、业主双方合同责任的完成情况；其次，对业主有理由提出索赔的部分进行总概括，分析业主有理由提出索赔的干扰事件有哪些，索赔值是多少；再次，对业主的失误和风险范围进行具体指认，这样在谈判中才有攻击点；最后，要针对业主的失误做进一步分析，注意寻找向对方索赔的机会，以准备向业主提出索赔，在反索赔中要使用索赔手段。

（四）分析评价业主索赔报告

承包商对索赔报告进行全面分析，可以通过索赔分析评价表进行，在索赔分析评价表中分别列出业主索赔报告中的干扰事件、索赔理由、索赔要求，提出己方的反驳理由、证据、处理意见或对策等，承包商要对索赔分析评价表中的每一项进行逐条分析评价。

（五）向业主递交反索赔报告

承包商反索赔报告主要从业主的索赔程序、索赔理由、索赔计算等方面来反驳业主的索赔。为了避免和减少损失，承包商也可以向业主提出索赔来对抗（平衡）业主的索赔要求。反索赔报告的主要内容包括：合同总体分析简述、合同实施情况简述和评价。这里承包商重点要针对业主索赔报告中的问题和干扰事件叙述事实情况，应包括前述三种状态的分析结果。首先，承包商对双方合同责任完成情况和工程施工情况做评价，评价目的是推

卸承包商对对方索赔报告中提出的干扰事件的合同责任，反驳业主索赔要求。按具体的干扰事件，逐条反驳业主的索赔要求，详细叙述承包商自己的反索赔理由和证据，全部或部分否定业主的索赔要求。其次，承包商提出索赔，对经合同分析和三种状态分析得出的业主违约责任，提出己方的索赔要求，通常可以在本反索赔报告中提出索赔，也可另外出具承包商自己的索赔报告。最后，承包商对反索赔做全面总结：对合同总体分析做简要概括；对合同实施情况做简要概括；对业主索赔报告做总评价；对承包商自己提出的索赔做概括；进行索赔和反索赔最终分析结果比较；提出解决意见，同时要附各种证据，即本反索赔报告中所述的事件经过、索赔理由、计算基础、计算过程和计算结果等证明材料。

第八章　信息技术辅助招投标与合同管理

第一节　网络招标

一、网络招标的概念与特点

网络招标，也称网上招标采购，是在互联网上利用电子商务平台提供的安全通道进行招标信息的传递和处理，包括招标信息的公布、标书的下载与发放、投标书的收集、在线的竞标投标、投标结果的通知以及项目合同协议签订的完整过程。

建立这个功能完整的 B-B（企业-企业）、B-G（企业-政府）的网上招标系统不仅可以满足市场的需求，而且将有力地推动电子商务向深度和广度发展，实现招投标的网络化和自动化，最终提高招投标的效率以及实现整个过程的公正合理。

网络招标的特点可用三公开、三公平、三公正、三择优来表述。

（一）三公开

投标企业情况公开，即招标企业可以在网上查询企业的业绩、信用等基本情况，能在最大范围内选择好的投标人；招标公告及资格预审条件公开，即投标人可以在网上查询招标信息及投标条件，以确定是否要投标；中标人及中标信息公开，即任何人可在网上查询中标人及中标信息，使交易主体双方接受社会的监督。

（二）三公平

公平地对待投标人，即不设地方保护及门槛，只要达到资质要求的投标人均可在网上参加投标；公平地解答招标疑问，即招标人可在网上解答投标人疑问，并及时发放至所有投标人；公平地抽取评标专家，即在专家库中设立了回避规则，随机抽取与招标人和投标人没有任何利害关系或利益关系的专家。

（三）三公正

公正地收标，即采用计算机系统划卡，只要时间一到，计算机自动停止收标，杜绝任何人为因素；公正地评标，即通过计算机系统隐藏投标人的名称，统一投标格式，使专家不带偏向，公正客观地评分；公正地建立企业库，即利用计算机能有效地防止企业人员多头挂靠现象，保证企业资料的真实性。

（四）三择优

通过资格预审择优系统选择业主满意的投标人，即按照招标人依法制定的择优条件及评分原则，经招标办备案后，在网上和报名点公布，并在网上查询投标人的业绩、资信、财务、诉讼等其他基本情况，最大范围内选择合适的投标人。

通过专家库系统选择出能胜任评标工作的专家，即由招标人在已有的专家库中，根据评标专家须具备的条件，随机选取能胜任本次采购评标工作的技术、经济专家。

通过评标系统选择业主满意的中标人，即招标人根据事先约定的评标原则和评标办法，由专家对所有投标文件进行在线评价、打分，最终选出业主满意的中标人。

二、网络招标系统

网络招标系统主要由信息发布系统、招标过程管理及数据维护系统、中标评定系统和投标方管理系统组成。

（一）信息发布系统

传统的招标信息的发布是通过报纸、杂志这些传统媒体，目的是使尽可能多的供应商（货物、服务、工程）获得招标信息，以便形成广泛的竞争。供应商在获得有关招标信息后，必须到指定的地点按要求取得招标文件。互联网作为一种飞速发展的新型载体，同时具备信息发布和文件传输的双重功能，在招投标系统中，建设单位可以通过招标公告的形式在网上将信息和文件发布出去，从而可以使任何潜在的投标人随时查阅各种招标信息，并立即通过网络下载招标文件。

目前我国已经成立的招投标网站有中国招标投标网、中国采购与招标网等，这些网站能为用户提供招标公告、预中标人公告、中标信息、质量信息、企业名录、政策法规等方面的信息，招投标两方可通过信息发布系统进行招标申请、投标报名、招标答疑、发放中标通知书等，从而为招标人和投标人参加招投标活动提供便利，有力地提高招投标工作效率，减少招投标成本。

（二）中标评定系统

中标评定系统通过中标评定算法对各投标方进行评估。

（三）投标方管理系统

投标方管理系统通过对投标企业信息的收集进行管理。

三、网络招标的角色转换

网络招标中，共涉及招标代理、招标企业、管理部门、投标人和技术经济专家五个方面。其中，招标代理指的是具备各级招标资质的代理机构；招标企业是具备招标资质并进行采购的业主企业；管理部门是具有监督、管理招投标工作职能的有关机构；投标人是有独立法人资格的所有投标企业或供货商；技术经济专家指的是达到相关要求的各行业专家。

在进行网络招标后，各方所承担的职责见表8-1。

表8-1　网络招标各方职责

网络招标角色	承担的职责
甲方代表	整体采购策略和采购流程的制定；整体采购计划的制订和整体采购进度的推进；采购决策和采购变更决策的制定；网络招投标的主导和推进；商务谈判，确定中标单位
网络采购员	网上发布招标公告；通知供应商查看招标公告并准备预审资料；供应商网络投标操作培训；网上发布招标文件并提醒答疑；汇总网上供应商提出的问题；网上开标、经济评标、汇总技术文件；发布入围结果；网上开标，汇总投标报价相应文件；发布中标结果
投标商代表	提交报价文件在内的投标文件；提供分包商名单；参与合同谈判；配合其他工作
技术经济专家	技术方案评审论证；其他技术性问题咨询、服务

第二节　招投标软件的运用

一、招投标整体解决方案

一个完整的建设工程招投标管理信息系统可以实现招标文件制作、投标文件制作、交易办公、评标过程、专家管理等全过程管理的信息化，系统的各个组成部分模块性、独立性强，可以全部应用，也可以独立运行。

二、标书编制软件

以下以某工程软件中"招标文件自动形成与管理系统"（以下简称"招标系统"）为例，说明招标方编制软件的基本操作过程。

（一）招标文件的建立

1. 新建招标文件

对于新建一个招标文件，"招标系统"提供了两种操作方式：使用招标文件制作向导操作和按模板新建工程。使用招标文件制作向导新建文件过程见表8-2。

表8-2　使用招标文件制作向导新建文件

步骤	操作
使用生成向导	用鼠标左键单击工具条上的"新建"按钮或选择文件菜单下的"新建工程"菜单
选择招标方式	根据提示选择招标方式，拟招标工程是采取公开招标还是采取邀请招标方式
选择投标人资格审查方式	根据提示选择拟招标工程对投标申请人的资格审查是采取资格预审方式还是资格后审方式
选择投标报价方式	根据提示选择投标方式，是采取综合单价形式还是工料单价形式
选择担保方式	选择担保方式，拟招标工程对承包人履约担保和发包人支付担保方式，是采取银行保函还是担保机构担保书方式，选择完成后，单击"完成"按钮就新建好了一个招标工程文件
备注	如果中途想放弃新建，可以单击"放弃"按钮离开新建导向，如果想改变上一次的选择类型，只须单击"上一步"按钮，改变选择类型即可

按"招标系统"默认的选择方式完成操作步骤之后建立的招标文件的类型：公开招标—资格预审—综合单价—银行保函方式。系统总共可以建立16种不同招标文件的形式。

"招标系统"已将16种不同招标文件的形式做成了模板，同时使用者也可以建立自己的模板，通过选择相应的模板，可快速建立拟招标工程的招标文件。选择文件菜单下的"按模板新建"菜单，会出现多种选项，用鼠标左键在左边下面的窗口进行模板选择，上面显示选中的模板，右边窗口显示模板的适用条件说明。单击"确定"按钮，系统则按选中的模板新建工程，单击"关闭"按钮放弃新建工程。

2. 输入招标工程信息

招标工程信息在"工程信息"页面输入，里面包括招标项目的主要信息，如工程项目信息、招标人信息、招标代理机构信息、投标人要求信息等。本页面输入的信息会在"快速自动替换功能"中使用，在生成招标文件时，输入的信息能自动填写到招标文件的各部分的相应位置。使用者可以根据工程的主要信息生成招标文件，这些修改的信息就能在全部文档中反映出来。输入的方法也很简单，只要在相应位置填入相关内容即可。

3. 编辑招标文件的文档结构

"招标系统"管理招标文件的各个部分。招标文件的每个独立部分称为一个节点，通过增删节点，可以对招标文件进行调整，以增加标准格式以外的内容。文档结构树也是生成招标文件目录的依据。文档结构树在"招标文件"页面中操作，通过选择编辑菜单下的"增加节点""插入节点""删除节点""增加子节点"和"重命名"，可以对招标文件的组织结构进行调整。通过在当前窗口中单击鼠标右键选择上述操作，对当前招标文件的结构进行调整。

4. 编辑节点文档

"招标系统"提供了编辑招标文档的四种方式，见表8-3。

表8-3　招标文件编辑方法

编辑方式	操作方法
在"招标文件"页面编辑	在"招标文件"页面的文档结构树上，找到须编辑的文档节点，双击该节点的名称或单击鼠标右键选择"编辑文档"菜单（或者选择编辑菜单下的"编辑文档"菜单），对当前节点的文档进行编辑、修改、保存修改，只须单击"保存文档"菜单即可，单击"退出"可以退出此编辑窗口
单击工具条上的"浏览按钮"编辑	单击工具条上的"浏览"按钮，可以对所有文档进行编辑，单击之后会出现编辑窗口，使用者可以在左边的窗口通过用鼠标单击文档节点名称，在所有文档节点之间进行切换，右边窗口就会显示当前节点的文档信息，用户可以在右边窗口中对文档进行编辑。在文档节点切换的过程中，如果对当前文档资料进行了修改，系统会自动提示"招标系统"使用者是否需要保存修改，使用者可以根据需要选择是否保存
零散文档编辑	对于一些填写位置零乱或个别表格的文档，软件会自动给出一个集中填写页面，使用者可在页面下端处按提示填写内容，完成后单击"写入"按钮自动将数据填写到文档相应位置

编辑方式	操作方法
工程量清单文档编辑	对于招标文件中的工程量清单表，系统设计了一个专用填表程序，在此页面，使用者可以通过点击鼠标右键选择菜单的"插入""删除""增加""增加子项"功能，对表内的相关数据进行调整，单击数据单元可对表格内容进行修改。在输入内容时不必考虑表格的行数问题，在数据填写完后，单击"写入"按钮，程序会自动将数据填入文档中，如果工程量清单表格超过一页，系统会自动生成多个续表，并自动对清单项目编号

5. 生成招标文件

对所有文档编辑、修改完成之后，需要执行生成招标文件功能，才能形成完整的招标文件。根据所选择的招标文件类型的不同，系统会自动生成相应的招标文件。

在生成招标文件时，系统会自动完成招标文件的内容组织工作，自动生成封面、招标文件目录，自动生成页码，自动设置页眉，并利用"自动快速替换功能"将工程信息页面中的内容，例如工程名称、工程编号、招标人、招标代理等内容自动填写到相应位置，最终形成一份完整的招标文件。

6. 保存正在编辑的招标工程

如果当前文件的编制未完成或需要以后进行修改，就需要将当前文件保存到须修改招标文件目录。

(二) 招标文件的管理

"招标系统"还设置了对已完成的招标文件的简单管理功能，使用者可以将文件备份、归档，可以方便地将已经完成的招标文件传输到其他文件中去，保证了工程招标文件资料的收集和积累。

①备份系统中的招标文件数据。为了实现资料积累、备份文件数据，或将文件传递给其他人使用，需要将已做完的招标文件从系统中转移出来。为达到这些目的，可使用"导出数据"的功能，单击工具条上的"导出"按钮或文件菜单下的"导出文件"菜单，在项目名称处输入准备用于导出的文件名称，在右边选择导出的目录，单击"确定"按钮以后，当前的文件被备份，单击"放弃"按钮则不备份。备份成功后，文件的所有数据被转移到了与项目名称相同的目录中。通过指定导出目录则可将数据转移到指定位置。

②从备份中调入数据到系统中与导出功能相反，导入功能可将备份中的文件装入系统中，从而进行下一步的修改。单击工具条上的"导入"按钮或文件菜单下的"导入文件"菜单，选择备份数据所在目录，系统会提示该目录中所有的备份工程，从中选中要导入的

备份文件，单击"打开"按钮，系统将新建一个工程将数据导入，单击"取消"按钮，放弃该操作。备份文件导入后，就可使用打开文件功能来操作了。

③导出工程信息。在一些情况下，"招标系统"使用者可能仅仅希望将一个工程的信息传给另一个工程，或想将工程信息保存下来供以后工程使用，此时可以使用导出工程信息功能，将工程信息保存到一个文件中去，以便其他工程使用。单击维护菜单下的"导出工程信息"，在文件名处输入保存工程信息的文件名，单击"取消"按钮不保存文件，单击"保存"按钮进行保存。

④导入工程信息。使用该功能首先要有其他工程的工程信息文件。单击维护菜单下的"导入工程信息"，在窗口中选择保存工程信息文件的目录，从中选择一个工程信息文件，单击"确定"按钮，工程信息会被导入当前工程的工程信息表中。

⑤保存为文件模板。在招标过程中，招标人经常会遇到类似工程招标的情况。如果重新编制招标文件，则费时、费力。为此，"招标系统"提供了模板功能，可以将以前编制完成的招标文件保存下来。如果遇到编制类似工程的招标文件，只须将模板稍加修改，填入拟招标工程的相关信息，就能快速生成所需要的招标文件，且不易出现纰漏，极大地方便了招标文件编制人。

三、投标报价软件

（一）一般计价软件的主要特点

①软件可提供清单计价和定额计价功能，清单计价功能细分为工程量清单、工程量清单计价（标底）、工程量清单计价（投标）等子功能。

②多文档操作，可以同时打开多个预算文件，各文件间可以通过鼠标拖动复制子目，实现数据共享、交换，减少数据输入量。

③可通过网络使用，在服务器上或在任一工作站上安装后，客户端设置加密锁主机，服务器端启动服务程序后，即可实现网络使用。

④灵活的换算功能，系统提供类别换算、批量换算等功能。

⑤输入子目后，实时汇总分部、预算书、工料分析和费用。

⑥报表导出到 Excel，用户可利用其强大的功能对数据进行加工。

（二）计价软件的使用

下面以某软件为例，说明计价软件的操作过程。该软件是融计价、招标管理、投标管理于一体的全新计价软件，旨在帮助工程造价人员解决电子招投标环境下的工程计价、招投标业务问题，使计价更高效、招标更便捷、投标更安全。软件包含三大模块：招标管理模块、投标管理模块、清单计价模块。

1. 招标方的主要工作

①新建招标项目，包括新建招标项目工程，建立项目结构。

②编制单位工程分部分项工程量清单，包括输入清单项，输入清单工程量、名称，分部整理。

③编制措施项目清单。

④编制其他项目清单。

⑤编制甲供材料、设备表。

⑥查看工程量清单报表。

⑦生成电子标书，包括招标书自检、生成电子招标书、打印报表、刻录及导出电子标书。

2. 投标人编制工程量清单

①新建投标项目。

②编制单位工程分部分项工程量清单计价，包括套定额子目、输入子目工程量、子目换算、设置单价构成。

③编制措施项目清单计价，包括计算公式组价、定额组价、实物量组价三种方式。

④编制其他项目清单计价。

⑤人、材、机汇总，包括调整人、材、机价格，设置甲供材料、设备。

⑥查看单位工程费用汇总，包括调整计价程序、工程造价调整。

⑦查看报表。

⑧汇总项目总价，包括查看项目总价、调整项目总价。

⑨生成电子标书，包括符合性检查、投标书自检、生成电子投标书、打印报表、刻录及导出电子标书。

（三）软件操作

1. 进入软件

在桌面上双击软件的快捷图标，软件会启动文件管理界面；在文件管理界面选择工程类型为清单计价，单击"新建项目""新建招标项目"，在弹出的新建招标工程界面中，选择地区标准为"北京"，项目名称输入"白云广场"，项目编号输入"BJ-070621-SG"，单击"确定"按钮，软件会进入招标管理主界面。

2. 建立项目结构

①新建单项工程。选中招标项目节点"白云广场"，单击鼠标右键，选择"新建单项工程"，在弹出的新建单项工程界面中输入单项工程名称"01号楼"。

②新建单位工程。选中单项工程节点"01号楼"，单击鼠标右键，选择"新建单位工程"，选择清单库"工程量清单项目设置规则（2002-北京）"，清单专业选择"建筑工程"，定额库选择"北京市建设工程预算定额（2001）"，定额专业为"建筑工程"。工程名称输入为"土建工程"，结构类型选择为"框架结构"，建筑面积为"3600 m²"。在这里，建筑面积会影响单方造价。单击"确定"则完成土建单位工程文件的新建。

通过以上操作，就新建了一个招标项目。

3. 编制土建工程分部分项工程量清单

①建立清单项。进入单位工程编辑界面，选择"土建工程"，单击"进入编辑窗口"，软件会进入单位工程编辑主界面，通过查询输入、按编码输入、简码输入、补充清单项、直接输入和图元公式输入方法输入工程量清单。

②清单名称描述。

方法一：按项目特征输入清单名称。

选择平整场地清单，单击"清单工作内容/项目特征"，单击土壤类别的特征值单元格，选择为"一类土、二类土"，填写运距，单击"清单名称显示规则"，在界面中单击"应用规则到全部清单项"，软件会把项目特征信息输入项目名称中。

方法二：直接修改清单名称。

选择"矩形柱"清单，单击"项目名称"单元格，使其处于编辑状态，单击单元格右侧的小三点按钮，在编辑名称界面中输入项目名称，按以上方法，设置所有清单的名称。

③分部整理。在左侧功能区单击"分部整理"，在右下角属性窗口的分部整理界面勾选"需要章分部标题"，单击"执行分部整理"，软件会按照计价规范的章节编排增加分部行，并建立分部行和清单行的归属关系。

通过以上操作就编制完成了土建单位工程的分部分项工程量清单，接下来编制措施项目清单。

4. 编制土建工程、其他项目清单等内容

①措施项目清单。选择"1.11 施工排水、降水措施"项，单击鼠标右键，选择"添加"，添加措施项，插入两空行，分别输入序号，名称为"1.12 高层建筑超高费""1.13 工程水电费"。

②其他项目清单。选中"预留金"行，在计算基数单元格中输入"100000"。

通过以上方式就编制完成了土建单位工程的工程量清单。

5. 新建投资项目、土建分部分项工程组价

①新建投标项目。在工程文件管理界面，单击"新建项目""新建投标项目"；在新建投标工程界面，单击"浏览"，在桌面找到电子招标书文件，单击"打开"，软件会导入电子招标文件中的项目信息。

单击"确定"，软件进入投标管理主界面，就可以看到项目结构也被完整导入进来了。

②进入单位工程界面。选择土建工程，单击"进入编辑窗口"，在新建清单计价单位工程界面选择清单库、定额库及专业。

单击"确定"后，软件会进入单位工程编辑主界面，能看到已经导入的工程量清单。

6. 套定额组价

①内容指引。选择平整场地清单，单击"内容指引"，选择1-1子目，单击"选择"，软件即可输入定额子目和子目工程量。

②换算。

选中挖基础土方清单下的1-17子目，单击"子目编码列"，使其处于编辑状态，在子目编码后面空一格输入软件就会把这条子目的单价乘以1.1的系数。选中散水、坡道清单下的1-7子目，在左侧功能区单击"标准换算"，在右下角属性窗口的标准换算界面选择C15普通混凝土，单击"应用换算"，则软件会把子目换算为C15普通混凝土。

标准换算可以处理的换算内容包括：定额书中的章节说明、附注信息，混凝土、砂浆标号换算，运距、板厚换算。在实际工作中，大部分换算都可以通过标准换算来完成。

③设置单价构成。在左侧功能区单击"设置单价构成""单价构成管理"，在管理取费文件界面输入现场经费5.4%及企业管理费的费率6.74%，软件会按照设置后的费率重新计算清单的综合单价。

7. 措施项目组价

措施项目的计价方式包括三种，分别为计算公式计价方式、定额计价方式、实物量计价方式，这三种方式可以互相转换。

选择高层建筑超高费措施项，在组价内容界面，单击"当前的计价方式"下拉框，选择定额计价方式。

通过以上方式就把高层建筑超高费措施项的计价方式由计算公式计价方式修改为定额计价方式。

①计算公式计价方式。选择临时设施措施项，在组价内容界面单击计算基数后面的小三点按钮，在弹出的费用代码查询界面选择分部分项合计，然后单击"选择"，输入费率

为 1.5%，软件会计算出临时设施的费用。

②定额计价方式。

混凝土模板：选择混凝土模板措施项，单击"组价内容""提取模板子目"。在模板类别列选择相应的模板类型，单击"提取"。

在组价内容界面查看提取的模板子目，再次单击"提取模板子目"，在提取模板子目界面修改模板系数，然后单击"提取"。

脚手架：选择脚手架措施项，单击"组价内容"，在页面上单击鼠标右键，单击"插入"，在编码列输入 15-7 子目。软件会读取建筑面积信息，工程量自动输入为 $3600m^2$。

③实物量计价方式。选中环境保护项，将当前计价方式修改为实物量计价方式，单击"载入模板"，选择环境保护措施项目模板，单击"打开"，根据工程填写实际发生的项目即可。

8. 其他

其他项目清单投标人部分没有发生费用，直接在投标人部分输入相应的金额即可。

9. 费用汇总

单击"费用汇总"，查看及核实费用汇总表。

四、评标软件

（一）计算机辅助评标系统整体流程

计算机辅助评标系统由"电子标书系统"和"辅助评标系统"两部分组成。招标人在向投标人提供招标文件时，同时提供以光盘为存储介质的电子招标文件。投标人在计价软件中编制完投标报价后，将投标报价回填或导入电子标书系统中，形成电子投标文件，刻录投标光盘，并将光盘作为投标文件的一部分，与纸质投标文件一同递交到开标现场。开标时把电子投标文件导入辅助评标系统。商务标评委首先对各投标报价进行初步评审（清标），并打印出清标结果报表，对清标结果进行分析、确认和判定。然后由辅助评标系统根据评标办法统计各投标报价排名，得出最终评审结果。

（二）新建标段

招标代理公司在开标现场输入自己公司的名称和密码，登录辅助评标系统。即单击"快捷方式"，启动"工程询评标系统"，在弹出的登录界面里正确输入公司名称和密码，进入标段管理界面。要评标，首先必须确定要评标的工程项目是什么，将这个过程软件化，就是系统中的"标段管理",在这里可以增加、查看或者删除要评标的工程项目（即标段）。

在"标段管理"界面的下半部，可以对工程的特征信息进行直接编辑修改，也可以"增加特征"和"删除特征"。点击鼠标左键进入"增加标段"页面，出现导入招标书功能，可以选择导入电子招标书文件。导入招标书后，项目的基本信息都导入辅助评标系统中。单击"确定"，直接进入评标准备界面。

（三）评标准备

要理解软件的流程操作很简单，关键在于理解评标业务，对评标实际业务理解了，对软件流程中的界面和功能就能很清晰地理解了。软件是用来辅助工作的，实际操作的还是业务工作，根据业务工作的内容操作软件即可。

1. 查看项目信息

"项目信息"页面中显示的内容是新建项目时录入的标段信息。如果在新建标段时没有完整录入，此时可以继续完善，以便积累的数据中有完整的参考信息。

2. 评标办法

确定评委之后，选择下一步"评标办法"，进入评标过程的第二步——"评标办法"设定。评标办法设定可以设置"评分汇总""技术标""商务标""综合标"。各页面中，因具体评标办法和业务流程不同，设置了不同的选项和参数，从而实现了一定规则下对评标办法的灵活设置。

针对实际评标过程中不同的工程项目，评标办法千差万别，手工维护工作量大，且无法方便地借用以往类似数据的情况，软件实现了评标规则的可维护，同时内置许多评标办法供选择使用，对评标办法可以进行灵活调整、保存和再次调用。

①"选择评标办法"为当前工程选择适用的评标办法，内置的和保存过的评标办法会显示出来以供选择。

②"保存评标办法"将维护过的评标办法保存在系统中，以便持续使用。

③"导入评标办法文件"：软件中保存的评标办法不能满足需要的时候，可以将做好的其他评标办法文件导入使用。

（四）开标

为实现系统快速清标、评标，首先需要把各投标单位的电子投标文件导入系统中。单击评标流程中的"开标"按钮，进入系统的工程开标仪式界面，该界面中不需要进行任何编辑，直接单击"进入"或者单击标段名称进入导入标书界面。

1. 添加投标单位、导入参考预算

选择"添加投标单位"按钮，弹出"添加投标单位"界面，根据提示，使用"导入投标书"按钮，导入投标单位的电子投标书。选择投标文件后，需要输入该投标单位的电子标书密码，正确输入后单击"确定"，投标书即可导入。同时相关的投标文件工程信息也会自动导入并显示在"添加投标单位"对话框内，确定信息准确无误后，单击"确定"，投标单位添加成功。重复上述操作，依次导入各投标文件即可。

2. 标书管理

在招标书、投标单位文件、标底导入成功后的整体界面中可以看到投标单位下侧还有一个界面，分为"技术标""商务标""综合标"三栏，这一界面就是标书管理界面，单击总体界面最下面的"标书管理"按钮可以显示和隐藏标书管理界面。

标书管理操作时，可以"导入""查看"和"清除"各投标单位技术标；对商务标文件可以"查看标书版本"，投标单位电子标书导入后在商务标栏可以显示出标书文件信息。

所有投标单位的电子投标文件导入完成后，软件会提示输入标段密码。开标后如果再打开该标段查看数据，就必须输入密码。

（五）评标专家

抽取专家之后，招标人或招标代理登录系统，录入抽取的专家名单。

①选择"新增专家"，弹出"增加评委"界面，直接录入或选择评委姓名、专业、职称等信息即可。

②在评标委员选定之后，必须为各位评标委员指定所任职务。每个评标工程项目，必须有唯一的"评标负责人"，其他评委可分别设置为"技术评委""经济评委"，也可以两项都设置。

（六）初步评审（清标）

评委启动评标软件，选择评审的项目，输入评委的姓名。

现在的评标过程中，经常会发生投标人修改了招标工程量清单内容，标书中存在"单价×数量≠合价"等计算错误，招标人规定了最高价格的清单项、材料，投标人的报价却仍然高于该限价等情况。这些问题在初步评审过程中软件会自动进行计算、比对，将错误和不符的项目自动筛选出来，以供评审参考，在一定程度上保证评标的公平、公正、择优。

初步评审包括偏差审核、分部分项工程量清单检查、有效性检查、初步排序四部分。

1. 偏差审核

偏差审核页面的上半部是各投标单位偏差审核的汇总结果显示部分，下半部是偏差审核的操作工作区。

系统内置了部分偏差审核项，实际使用时，可根据不同工程需要自行增减偏差项。另外对维护后的偏差项进行保存，以后工程中可以以模板的方式再调用。

在对投标文件的审核中发现存在的问题后，结合软件中提供的偏差项对号入座，在"存在"列中勾选该项，该项就被设置为存在偏差，并记入软件的"投标文件偏差一览表"中。

2. 分部分项工程量清单检查

分部分项工程量清单检查主要检查投标文件中是否有修改招标文件的分部分项工程量清单的情况。

招标人在招标文件中制作的分部分项工程量清单的清单编码、名称、计量单位工程数量等内容，投标人是不可以随意修改的。评审前一般需要检查投标书是否修改了招标文件中的内容。以前手工进行符合性检查需要耗费大量人力和时间。现在软件自动将各投标文件与招标文件中的各项进行对比，快速、准确地列出符合性检查中的增减项和改动项，不再需要人工逐项校对。通过"选择评审报表"可以查看任一专业工程的工程量清单的符合性检查结果。

3. 有效性检查

①最高限价检查。检查投标人的分部分项清单报价是否超出最高限价。超出最高限价的项会列在表格中，显示超出的金额和比例。

②费用检查。检查"工程项目总价表""单位工程费汇总表"这两张表中的规费、税金的报出费率和规定费率是否一致。

③安全防护、文明施工措施费用检查。检查各家投标单位报出的安全防护、文明施工措施费用是否低于最低金额。软件自动计算比较报出费用与最低金额的差额，如果差额为负，说明投标人的费用报价低于最低金额，不符合要求。

④暂定金额检查。检查投标人的报价是否和招标人规定的暂定价一致。检查"主要材料（设备）价格表"中招标人规定了暂定价格的材料，投标人的报价是否与招标人的暂定价一致。

4. 初步排序

①总报价。软件会按照总报价从低到高对各家投标单位进行排序。在界面上还能够显示比较价格。比较价格可以选择最低价、次低价、平均价、标底价、指定价、控制造价。

②单位工程报价。软件可按某一个单位工程的报价对各家投标单位进行排序。

（七）详细评审

1. 雷同性分析

招投标过程中，可能会有某个投标单位同时制作多份投标文件，且这些投标文件的报价是在预算软件中通过"按比例"调整各清单项的单、合价的方法而生成。雷同性分析就是针对这类情况进行的一个比较筛选过程。

雷同性分析的计算分为以下三个过程：

①计算任意两份投标文件中所有清单项的合价相除后的商；

②比较相除后的商是否有相等的，并统计相同项数的个数；

③如果相同项的个数超过设置规定的数值，则汇总显示清单项。

最后，由评委分析判断这两份投标书是否雷同。

软件可以按相同项数和占总报价比例筛选出任意两家投标单位所有清单项的雷同性。

2. 分部分项清单分析

分部分项清单分析是为配合评委对清单项的评审而设计的，所有清单项目设定范围的筛选、排序并对所有投标报价进行横向对比，即从清单项的总价到清单项费用组成，到工作内容组成，最后到工料机细项组成内容的逐层分析对比，从而判断清单项是否合理的过程。它主要是辅助评委对清单项报价的合理性进行评审。

（1）清单分析

分部分项清单分析包括如下内容：

①"选择评审报表"：可以选择所有专业工程的分部分项报表，也可以选择某一个专业工程的分部分项报表。

②"比较价格"：可以指定各种比较价格，软件会显示与比较价格的差额以及差额率。

③"筛选"：按差额率和差额两种方式筛选超出既定范围内过高或过低的清单项。

④"排序"：按照绝对值或相对值两种方式排序显示过高或过低的清单项。

⑤"横向对比"：对所有投标单位的报价进行从清单总价到费用组成、工程内容及工料机细项的逐层分析对比过程。

选择某一要查看的清单后，单击"横向对比"按钮即弹出"各单位横向对比"页面，在页面的上半部分可以查看该清单项总价的各投标单位的横向对比、各投标单位的报价与平均价比较后的差额及差额率。

如果通过查看总价，发现某一投标单位的当前清单项明显过高或过低，需要进一步分析，可以选择页面下半部分中的"各投标单位横向对比""清单项子目组成""人材机数量"页签，逐层地分析报价合理性。

通过页面下侧的"上一条清单"和"下一条清单"可以方便地在各清单项间切换。

通过"设置为不合理"和"取消不合理"，评委可以对某一条清单项设置为"不合理"和"取消不合理"，这里的设置会显示在详细评审的报表中。

（2）参数设置。

清单分析时的"比较价格"是在工具栏的"清标参数设置"里设置的。单击"清标参数设置"后，弹出设置框，可以在其中调整"控制造价"的具体数额，输入"单方造价"和"建筑面积"后，系统自动计算出"控制总造价"，供评审时调用；在"指定价"中指定哪一家投标单位的价格为比较价；计算"平均价"等。"比较价格设定"选择不符合的标书和标底（须在开标时导入标底后，此项才可设置）是否参与比较价格的计算。

3. 措施项目清单分析

措施项目清单分析与分部分项清单分析的作用相似，分析各投标单位的"措施项目清单"报价的合理性。

4. 其他项目清单报价分析

其他项目清单报价分析与分部分项清单分析、措施项目清单分析的作用相似，用来分析各投标单位的"其他项目清单"报价的合理性。

5. 主要人工（材料、机械）数量和单价分析表

"数量分析"将主要人工（材料、机械）数量和单价分析表中的人、材、机数量与所有投标单位的该条材料的平均数量（最低、次低）进行比较。系统自动按设定条件汇总计算，辅助评委确定其合理性。

（八）评分汇总

1. 商务标打分

"商务标打分"：根据"评标办法"中的设置，系统自动计算各打分项得分。

"计算机打分"：软件根据初步评审结果自动汇总商务标分值，并针对不同的评分项计算出各投标单位的商务标得分。

"按投标单位查看评分"：单击后可以查看各个单位的技术标、商务标和综合标的得分情况。

2. 技术标打分、综合标打分

由于在评标办法设定时定义的技术标打分方式是手工打分，所以在技术标打分时可以

对每家单位的各个评分项输入得分值。如果评标办法设定时选择按照"优良中差"打分，所有打分进行后，单击软件功能菜单中的"汇总得分"按钮，分值就可汇总成功。在"得分汇总"界面上可以看到各家投标单位的总报价、技术标、经济标、综合标分数，以及总得分和排名。详细评审及评分汇总结束后，评标流程就基本完成了。对该评审工程的评审意见可以在界面下侧的"评审意见"界面中生成，各评委的评审意见将进入评标结果中的"评委评审意见记录"报表。

（九）报表

在评标工作结束后，评标委员会要形成评标报告，提交一系列的报表。软件在评标过程中的数据都自动进入报表系统形成表格，并按照流程进行分类，可以方便查找和预览，评标委员会可以直接在"报表"界面进行打印。

第三节　合同管理软件的运用

一、合同管理软件的开发现状及发展

20世纪90年代后，工程项目管理软件发展迅速，不断有功能强大、使用方便的软件推出，在项目管理中发挥了重要作用，而部分合同管理软件也逐渐从项目管理软件中独立出来，在工程管理和招投标管理中起到越来越重要的作用。现在我国比较流行的合同管理软件一般是根据住建部和国家工商行政管理总局批准颁发的《建设工程施工合同（示范文本）》《建设工程施工专业分包合同（示范文本）》以及《建设工程施工劳务分包合同（示范文本）》开发编制的，可以快速、自动地编制、生成合同文件，并对合同文件进行管理。软件能提供合同文件制作向导、集中信息填写、文档结构编辑、文档结构浏览、自动快速替换、合同文件自动生成、合同文件目录自动生成、模板功能以及合同文件管理等多种功能。利用这些功能，能极大地减少合同文件编制过程中的重复和遗漏，减少合同当事人的工作量，缩短编制周期，使合同文件的编制更快捷、更准确，成为合同当事人得心应手的管理工具。

二、合同管理软件操作

以下以某工程软件中"合同文件自动形成与管理系统"（以下简称"合同管理系统"）为例，说明合同管理软件的基本操作过程。

（一）合同的形成

1. 新建合同文件

对于新建一个合同文件，"合同管理系统"提供了两种操作方式：使用合同文件制作向导新建合同文件和按模板新建合同文件。

①使用合同文件制作向导新建合同文件。使用合同文件制作向导，只须用鼠标单击相关内容，即可得到拟建立的合同文件形式。具体操作是用鼠标左键单击工具条上的"新建"按钮或选择文件菜单下的"新建合同文件"菜单，如果想放弃新建，可以单击"放弃"按钮离开新建导向。

②按模板新建合同文件。"合同管理系统"已将三种不同合同文件的形式做成了模板，同时合同当事人也可以建立自己的模板，通过选择相应的模板，可以快速编制合同文件。选择文件菜单下的"按模板新建"菜单，会出现模板窗口，用鼠标左键在页面左边的窗口进行模板选择，页面左上方显示选中的模板，右边窗口显示模板的适用条件说明。单击"确定"按钮，系统则按选中的模板新建合同文件，单击"关闭"按钮放弃新建合同文件。从本步骤开始的后续操作界面，与招投标文件的操作界面相似，故不再重复展示。

2. 输入合同信息

拟签订合同的主要信息可在"合同信息"页面输入。本页面输入的信息会在生成合同文件时，通过"合同管理系统"内置的"快速自动替换功能"，自动填写到合同文件的相应位置。也就是说，合同当事人可以随时修改、替换合同的主要信息，只要重新生成二次合同文件，这些修改的信息就能在合同文件中反映出来。信息输入时，只要在页面相应的位置填入相关的内容即可。

3. 编辑合同文件的文档结构

"合同管理系统"以合同文件结构树来管理整个合同文件。合同文件的每个独立部分称为一个节点，通过增删节点，可以对合同文件的结构进行调整，增加标准格式以外的内容，或者删除标准格式的内容。同时，合同文件结构树也是生成合同文件目录的依据。编辑合同文件结构树在合同文件页面中操作，通过选择编辑菜单下的"增加节点""插入节点补""删除节点外""增加子节点"和"名"，可以对合同文件的组织结构进行调整，调整时在当前窗口中单击鼠标右键，即可选择、完成上述操作。

4. 编辑合同文档

合同当事人可以在左边的窗口用鼠标单击文档节点名称，在所有文档节点之间进行切换，右边窗口就会显示当前节点的文档信息，用户可以在右边窗口中对文档进行编辑。在文档节点切换的过程中，如果对当前文档进行了修改，系统会自动提示是否需要保存修改，合同当事人可以根据需要选择是否保存。需要注意的是，此处保存文档只是对当前节点的文档进行保存，但整个合同没有被保存，如果需要保存，应单击工具条上的"保存"按钮或者文件菜单下的保存合同文件菜单。不要修改文档资料中被符号"｛｝"包围起来的内容，因为它会被"合同信息"页面的相关信息自动替换掉。

5. 生成合同文件

对所有合同文档编辑、修改完成之后，需要执行生成合同文件功能，才能形成完整的合同文件。根据所选择的合同文件类型，"合同管理系统"会自动生成相应的合同文件。

在生成合同文件时，"合同管理系统"会自动完成合同文件的内容组织工作，自动生成合同文件封面、合同文件目录，自动生成页码、自动设置页眉，并利用"自动快速替换功能"将"合同信息"页面中的相关内容自动填写到合同文件的相应位置，最终形成一份准确、完整的合同文件。

单击工具条上的"生成合同"按钮或编辑菜单下的"生成合同文件"菜单，可自动生成合同文件的全部文档。如果在生成的过程中发现合同信息填入有误或其他问题，单击"终止"按钮，可以结束当前自动生成过程。

6. 保存正在编辑的合同文件

如果当前合同文件的编制尚未完成或需要以后进行修改，就需要将当前文件保存到"合同管理系统"中。只须单击工具条上的"保存"按钮或文件菜单下的"保存合同文件"菜单就可以完成此项操作。

（二）合同的管理

"合同管理系统"还设置了对已完成的合同文件的简单管理功能，合同当事人可以将合同文件备份、归档，可以方便地将已经完成的合同文件传输到其他文件中去，保证了工程合同文件资料的收集和积累。

1. 备份"合同管理系统"中的合同文件

为了实现资料积累、备份合同文件，或将文件传递给其他人使用，需要将已做完的合同文件从系统中转移出来，为达到这些目的，可使用导出功能。单击工具条上的"导出"按钮或文件菜单下的"导出合同文件"菜单，在文件名称处输入准备用于导出的文件名称，在右边选择导出的目录，单击"确定"按钮以后，当前的文件被备份；单击"放弃"按钮则不备份。备份成功后，文件的所有数据被转移到了与文件名称相同的目录中。通过指定备份目录则可将数据转移到指定位置。

2. 从备份中调入数据到系统中

与导出功能相反，导入功能可将备份中的文件转入系统中，从而进行进一步的修改。单击工具条上的"导入"按钮或文件菜单下的"导入合同文件"菜单，出现选择备份数据的目录，系统会提示该目录中所有的备份文件，从中选中要导入的备份文件，单击"打开"按钮，系统将新建一个文件将数据导入，单击"取消"按钮放弃该操作。备份文件导入后，就可把它当作新建的合同文件操作。

3. 导出合同信息

在某些情况下，合同当事人可能希望将一个合同的信息传递到另一个合同中去，或希望将合同信息保存下来供以后使用，此时可以使用"导出合同信息"功能将合同信息导出，保存到一个指定的文件中去，以备后用。单击维护菜单下的"导出合同信息"，在文件名处输入保存合同信息的文件名，单击"取消"按钮则不保存文件；单击"保存"按钮则进行保存。

4. 导入合同信息

与"导出合同信息"功能相对应，"合同管理系统"设置了"导入合同信息"功能，使用该功能首先要有其他工程项目的合同信息文件。单击维护菜单下的"导入合同信息"，在窗口中选择保存的合同信息文件的目录，从中选择一个合同信息文件，单击"打开"按钮，合同信息会被导入当前的"合同信息"页面中，单击"取消"按钮，则选择的合同信息不会被导入。

5. 保存为合同文件模板

在实际工作中，合同当事人经常会需要签订类似的工程合同。如果重新编制合同文件，则费时、费力。为此，"合同管理系统"提供了模板功能，可以将以前编制完成的合同文件保存下来，如果遇到编制类似工程的合同文件时，只须将模板稍加修改，填入合同文件的相关信息，就能快速生成所需要的合同文件，且不易出现纰漏，极大地方便了合同当事人。若要将当前合同文件保存为模板，选择维护菜单下的"保存为合同文件模板"菜单，按照窗口提示操作，输入模板名称及模板说明之后，单击"确定"按钮，则当前文件被保存为模板；单击"放弃"按钮，则不保存。

参考文献

［1］ 蓝兴洲，周玲．工程招投标与合同管理［M］．重庆：重庆大学出版社，2021.

［2］ 彭东黎．公路工程招投标与合同管理［M］．重庆：重庆大学出版社，2021.

［3］ 杨传光．建设工程招投标与合同管理［M］．北京：北京理工大学出版社有限责任公司，2021.

［4］ 刘树红，王岩．建设工程招投标与合同管理［M］．北京：北京理工大学出版社，2021.

［5］ 许明丽．水利工程造价与招投标［M］．北京：中国水利水电出版社，2021.

［6］ 郝永池，郝海霞．建设工程招投标与合同管理［M］．北京：北京理工大学出版社，2021.

［7］ 尹今朝．建设工程招投标与合同管理［M］．北京：北京航空航天大学出版社，2021.

［8］ 高云．建筑工程项目招标与合同管理［M］．石家庄：河北科学技术出版社，2021.

［9］ 方洪涛，宋丽伟．工程项目招投标与合同管理［M］．北京：北京理工大学出版社，2020.

［10］ 王振峰，张丽，钱雨辰．公路工程招投标与合同管理［M］．武汉：华中科学技术大学出版社，2020.

［11］ 王平．工程招投标与合同管理［M］．北京：清华大学出版社，2020.

［12］ 禹贵香，李玉洁．工程招投标与合同管理［M］．北京：机械工业出版社，2020.

［13］ 王炳章．公路建设工程招投标与合同管理［M］．成都：西南财经大学出版社，2020.

［14］ 陶红霞，任松寿．建设工程招投标与合同管理［M］．北京：清华大学出版社，2020.

［15］ 张建娟．公路工程概预算与招投标［M］．徐州：中国矿业大学出版社，2020.

［16］ 李伟．工程招投标行为与风险防范研究［M］．北京：中国商务出版社，2020.

［17］ 廖明菊，吴瑜，刘慧．建设工程招投标与合同管理［M］．北京：中国水利水电出版社，2020.

［18］魏爱敏，毛颖．建筑装饰工程招投标与合同管理［M］．北京：北京理工大学出版社，2020.

［19］张朝阳，张蕊．园林工程招投标及预决算［M］．郑州：黄河水利出版社，2020.

［20］栗魁．建设工程招标投标法律实务精要［M］．北京：知识产权出版社，2020.

［21］郑兵云．工程招投标与合同管理［M］．长春：吉林科学技术出版社，2019.

［22］高峰，张求书．公路工程造价与招投标［M］．北京：北京理工大学出版社，2019.

［23］吴修国．工程招投标与合同管理［M］．上海：上海交通大学出版社，2019.

［24］王艳艳，黄伟典．工程招投标与合同管理［M］．北京：中国建筑工业出版社，2019.

［25］张红梅．工程招投标与合同管理［M］．天津：天津人民出版社，2019.

［26］向铮，郭凤双．工程招投标实务与案例［M］．成都：西南交通大学出版社，2019.

［27］吴立威，徐卫星．园林工程造价与招投标［M］．北京：中国林业出版社，2019.

［28］王小召，李德杰．建筑工程招投标与合同管理［M］．北京：清华大学出版社，2019.

［29］潘斌林．园林工程招投标与预决算［M］．天津：天津科学技术出版社，2019.

［30］张红梅．建筑工程招投标与合同管理［M］．北京：机械工业出版社，2019.

［31］李志生，施美艳．PPP项目招投标与热点难点问答［M］．北京：中国建筑工业出版社，2019.

［32］何浪，曾浩．建筑工程招投标与合同管理［M］．哈尔滨：东北林业大学出版社，2019.

［33］韩春威，曹迎春，张俊强．建设工程招投标与合同管理［M］．天津：天津大学出版社，2019.

［34］吴戈军．园林工程招投标与合同管理［M］．北京：化学工业出版社，2019.

［35］李艳萍，张义勇．园林工程计价与招投标操作［M］．北京：中国农业大学出版社，2019.

［36］赵振宇．建设工程招投标与合同管理［M］．北京：清华大学出版社，2019.

［37］胡六星，陆婷．建设工程招投标与合同管理［M］．北京：清华大学出版社，2019.

［38］陈庆．建设工程招投标与合同管理［M］．重庆：重庆出版社，2019.